高等学校计算机课程规划教材

U0183235

软件测试高级技术教程

魏娜娣 段再超 董纪悦 编著

清华大学出版社

北京

内 容 简 介

本书由软件测试技术篇和项目实训篇组成。软件测试技术篇对主流的接口测试技术、白盒测试技术进行讲解,共包括 15 个实验,涵盖了接口测试方法、白盒测试用例设计方法等常用测试技术的应用,并对主流的 Fiddler、Postman、C++ Test、JUnit 等常用测试工具进行专题拓展。各实验均依据所需知识点进行讲解并贯穿项目实践操作,使读者能够体会真实项目中各类方法的灵活应用而并非纯粹介绍各方法的使用。项目实训篇提供了一套较为完整的真实项目测试设计案例,涵盖了一般软件项目开展测试的全过程,对制订测试计划、设计测试用例、管理与统计测试用例、提交与跟踪缺陷,以及测试总结与分析进行了详细的阐述,可帮助读者体验完整的软件测试工作流程。

本书内容全面、层次清晰、难易适中,所采用的技术和项目与企业实际情况紧密对接。本书注重讲练结合,可使读者更好地理解和掌握相应知识,灵活、有效地开展测试工作。

本书可作为高等学校计算机相关课程的教材,也可供软件开发及测试从业人员参考与学习。

图书在版编目(CIP)数据

软件测试高级技术教程/魏娜娣,段再超,董纪悦编著. —北京:清华大学出版社,2020.2(2024.9 重印)
高等学校计算机课程规划教材
ISBN 978-7-302-53780-9

Ⅰ. ①软… Ⅱ. ①魏… ②段… ③董… Ⅲ. ①软件—测试—高等学校—教材 Ⅳ. ①TP311.5

中国版本图书馆 CIP 数据核字(2019)第 192215 号

责任编辑:汪汉友
封面设计:傅瑞学
责任校对:胡伟民
责任印制:宋 林

出版发行:清华大学出版社
  网 址:https://www.tup.com.cn,https://www.wqxuetang.com
  地 址:北京清华大学学研大厦 A 座   邮 编:100084
  社 总 机:010-83470000   邮 购:010-62786544
  投稿与读者服务:010-62776969,c-service@tup.tsinghua.edu.cn
  质量反馈:010-62772015,zhiliang@tup.tsinghua.edu.cn
  课件下载:https://www.tup.com.cn,010-83470236
印 装 者:三河市龙大印装有限公司
经 销:全国新华书店
开 本:185mm×260mm 印 张:17 字 数:422 千字
版 次:2020 年 3 月第 1 版 印 次:2024 年 9 月第 2 次印刷
定 价:49.50 元

产品编号:083848-01

出 版 说 明

信息时代早已显现其诱人魅力,当前几乎每个人随身都携有多个媒体、信息和通信设备,享受其带来的快乐和便捷。

我国高等教育早已进入大众化教育时代,而且计算机技术发展很快,知识更新速度也在快速增长,社会对计算机专业学生的专业能力要求也在不断翻新。这就使得我国目前的计算机教育面临严峻挑战。我们必须更新教育观念——弱化知识培养目的,强化对学生兴趣的培养,加强培养学生理论学习、快速学习的能力,强调培养学生的实践能力、动手能力、研究能力和创新能力。

教育观念的更新,必然导致教材的更新。一流的计算机人才需要一流的名师指导,一流的名师需要精品教材的辅助,精品教材也将有助于催生更多一流名师。名师在长期的一线教学改革实践中,总结出了一整套面向学生的独特的教法、经验、教学内容等。本套丛书的目的就是推广他们的经验,并促使广大教育工作者进一步更新教育观念。

在教育部相关教学指导委员会专家的帮助和指导下,在各大学计算机院系领导的协助下,清华大学出版社规划并出版了本系列教材,以满足计算机课程群建设和课程教学的需要,并将各重点大学的优势专业学科的教育优势充分发挥出来。

本系列教材行文注重趣味性,立足课程改革和教材创新,广纳全国高校计算机专业的一线优秀名师参与,从中精选出佳作予以出版。

本系列教材具有以下特点。

1. 有的放矢

针对计算机专业学生并站在计算机课程群建设、技术市场需求、创新人才培养的高度,规划相关课程群内各门课程的教学关系,以达到教学内容互相衔接、补充、相互贯穿和相互促进的目的。各门课程功能定位明确,并去掉课程中相互重复的部分,使学生既能够掌握这些课程的实质部分,又能节约一些课时,为开设社会需求的新技术课程准备条件。

2. 内容趣味性强

按照教学需求组织教学材料,注重教学内容的趣味性,在培养学习观念、学习兴趣的同时,注重创新教育,加强"创新思维""创新能力"的培养、训练;强调实践,案例选题注重实际和兴趣度,大部分课程各模块的内容分为基本、加深和拓宽内容 3 个层次。

3. 名师精品多

广罗名师参与,对于名师精品,予以重点扶持,教辅、教参、教案、PPT、实验大纲和实验指导等配套齐全,资源丰富。同一门课程,不同名师分出多个版本,方便选用。

4. 一线教师亲力

专家咨询指导,一线教师亲力;内容组织以教学需求为线索;注重理论知识学习,注重学习能力培养,强调案例分析,注重工程技术能力锻炼。

经济要发展,国力要增强,教育必须先行。教育要靠教师和教材,因此建立一支高水平的教材编写队伍是社会发展的需要,特希望有志于教材建设的教师能够加入到本团队。通过本系列教材的辐射,培养一批热心为读者奉献的编写教师团队。

清华大学出版社

前　　言

随着软件行业的发展,测试工作在整个软件开发生命周期中所占的比重越来越高,软件测试工程师、测试开发工程师、自动化测试工程师等众多岗位纷纷涌现,众多岗位在目前市场上的人才需求量很大。例如,河北师范大学及河北师范大学汇华学院软件测试方向学生实习和就业备受用人单位认可,经常出现多家知名企业争抢招聘学生的状况,企业的青睐与重视也足以证明软件测试人才的匮乏及我院培养方式的有效性及正确性。

当前软件测试相关高等教材不仅数量少,而且重理论轻实践,与实践结合不够紧密,这也是造成日前软件测试人才培养困难的原因之一。

本书由工作在一线的具备多年测试及管理工作经验的专业测试工程师、省级科技特派员、省级教学名师及省级优秀教学团队撰写。本书作者基于市场的现状,着眼于高等院校的需求,经过长期软件测试项目实践及十多年实际教学不断积累,在多次讨论、精心设计、修改后,形成了一套成熟可行的软件测试课程体系,从中提取测试技术相关精华,最终编写本书。本书籍编写目的如下。

(1)顺应高等教育普及化迅速发展的趋势,配合高等院校的教学改革和教材建设,更好地协助学校学院向"特色鲜明的高水平应用技术型大学"发展。

(2)协助学校学院建设更加完善的 IT 人才培养机制,建立完整的软件测试课程体系及测试人才培训方案,进一步培育出符合当前测试企业需要的自动化测试人才。

(3)使学生更加高效、快捷、有针对性的学习专项测试技术,并通过理论与实践的结合进一步锻炼学生的动手实践能力,为跨入高级测试领域打下坚实基础。

(4)为企业测试人员提供专项测试技术学习的有效途径,通过理论和实践的有效结合,能使各位测试人员更加真实、快捷地体验测试工作的开展。

本书为河北省首批"双万"计划一流本科专业建设点的特色专业课程配套教材,由技术篇和项目实训篇两部分组成,技术篇针对主流的接口测试技术、白盒测试技术进行讲解,共包括 15 个实验,涵盖了接口测试方法、白盒测试用例设计方法等常用测试技术的应用,并对主流的 Fiddler、Postman、C++ Test、JUnit 等常用工具进行专题拓展。各实验均依据所需知识点进行讲解并贯穿项目实践操作,使读者能够体会真实项目中各类方法的灵活应用,而并非纯粹介绍各方法的使用。项目实训篇提供了一套较为完整的真实项目测试设计案例,该案例涵盖了一般软件项目开展测试的全过程,对测试计划制定、测试用例设计、测试用例管理与统计、缺陷提交与跟踪,以及测试总结与分析进行了详细的阐述,帮助读者体验完整的软件测试工作流程。其内容全面、层次清晰、难易适中,所采用的技术和项目同企业实际情况紧密结合,并且本书讲练结合,使读者更好地理解和掌握相应知识,在实际工作中能够灵活有效的开展测试工作。

在学习和实践中,笔者更希望此书能成为一份承载着信仰与责任的宝典。在软件测试领域,它不仅是技术的体现,更是对软件质量和用户体验的承诺。因此,本书在传授知识与技能的同时,也致力于帮助读者树立"质量至上"的意识,并培养追求极致、精益求精的工匠精神。相信读者们都能够在软件测试的道路上不断前行,为打造出卓越的软件产品贡献自己的力量。

本书的撰写得到了多方面的支持、关心与帮助,在此深表感谢。首先,要感谢河北师范大学、河北师范大学汇华学院各级领导,他们在应用型人才培养改革上的主张及所付出的心血使我们在教材建设、实习实训、学生就业等方面取得了一系列的成果。要感谢学院测试方向的全体学生,他们试用、试读了本系列教材,提出了不少宝贵建议。还要感谢学院的全体职工,没有他们的配合,此书是无法完成的。

本书还提供了相关教学资源及问题答疑,有需要的读者可通过加入 QQ 群 105807679 获取并与读者沟通交流。

本书可作为高等院校、示范性软件学院、高职高专院校的计算机相关课程和软件工程专业的教材,也可作为各大软件培训机构的培训教程,同时也可供从事软件开发及测试工作的人员,以及对软件测试有兴趣的读者参考与学习。

编　者

2019 年 5 月

目　　录

第一篇　软件测试技术

第二篇　项　目　实　训

第一篇　软件测试技术

读者在阅读本书之前,想必早已对"测试"这个词语不再陌生。在本书的姊妹篇《软件测试综合技术》(ISBN 978-7-302-53794-6)一书中,已对黑盒测试技术、Web 测试技术、性能测试技术等进行了介绍,本书将在此基础上对高级软件测试技术进行进一步探讨。

本书将介绍接口测试技术、白盒测试技术,以及 Fiddler、Postman、C++ Test、JUnit 等主流工具,讲解测试计划制订、测试用例设计、测试用例管理与统计、缺陷提交与跟踪、测试总结与分析等实训内容,让读者学习并体验完整的软件测试流程。

在学习之前,首先针对未阅读过《软件测试综合技术》一书的读者,补充介绍黑盒测试技术、Web 测试技术、性能测试技术;然后介绍本书涉及的接口测试技术和白盒测试技术。

1. 黑盒测试技术

在日常使用计算机的过程中,经常可以看到"××软件发布××测试版""××游戏封测/内测/公测"等与测试有关的消息。此类消息中提及的"测试",实质上都可以归类于软件测试中的一大分支——黑盒测试。

所谓黑盒测试,是指在设计和执行测试的过程中,不考虑被测程序内部的结构,将被测程序视作不透明的黑盒子,只考虑输入内容和输出结果,从而发现软件的各类问题。

有人认为黑盒测试比较简单,不需要太高深的技术,但从实际的行业现状来看,相对于白盒测试、自动化测试、安全性测试等专业性要求较高的测试,虽然黑盒测试对测试人员的技术要求略低、易上手,但是却难精通。黑盒测试是每个软件测试人员的必备基本技能。能否高效、准确地对软件进行黑盒测试,是衡量测试人员技术水平的重要指标之一。

《软件测试综合技术》一书介绍了等价类划分法、边界值分析法、因果图法、决策表法、错误推测法、正交试验法、场景分析法、综合测试、控件测试、界面测试、易用性测试、安装测试、兼容性测试和文档测试等内容,各章节均从理论及实践层面分别阐述,黑盒测试中涉及的重要知识与相应的测试用例设计方法,旨在使之易于理解和掌握。这些基础内容非常重要,受篇幅所限,本书不再赘述。

2. Web 测试技术

在实际的软件测试工作中,测试的对象往往是一套完整的软件系统,如 Web 站点、PC桌面程序、嵌入式软件、移动平台应用等。在众多的软件系统中,Web 站点作为日常工作常见的系统,因其体量小、方便、快捷、易扩展等特性而被广大开发者和用户所青睐,软件测试人员进行 Web 站点测试时,应着重于超链接测试、Cookies 测试、安全性测试等三方面。当然,开展 Web 站点的测试仍不可脱离黑盒测试技术,功能测试、界面测试、易用性测试、兼容性测试、文档测试等均适用于 Web 站点的测试。换言之,完整的 Web 测试技术包含上述各种测试类型,以及性能测试。

3. 性能测试技术

近年来,软件测试技术越来越受到各大企业的重视。软件测试技术的发展呈现以下特点。

第一,软件测试技术的应用领域不断扩展。从 Windows 应用到 Web 应用,从 PC 上的应用到嵌入式应用,软件测试技术得到了广泛应用。

第二,仅仅对软件进行功能上的验证已远远不能满足用户的需求,人们还需要了解软件在未来实际运行时的性能。例如,人们往往需要了解大量用户同时访问一个页面、系统连续运行一个月甚至更久或系统中存放着近三年的客户操作数据等实际运行情景下,所开发的软件是否能稳定地运行。性能测试已成为软件测试工作中不容忽视的一部分,它已成为发现软件性能问题的最有效手段。

性能测试和功能测试是测试工作中两个不同的方面,前者侧重性能而后者侧重功能,但它们的最终目的都是提高软件质量,以更好地满足用户需求。

功能是指在一般条件下,软件系统能够为用户做什么以及能够满足用户什么样的需求。例如,用户对一个论坛网站的期望是能够提供浏览帖子、发布帖子、回复帖子等功能,只有这些功能都正确实现了,用户才认为满足了他们的功能需求。但是,一个论坛网站除了满足用户的功能需求之外,还必须满足性能需求。例如,服务器需要能够及时处理大量用户的同时访问请求;服务器程序不能出现死机情况;不能让用户等待"很久"才打开想要的页面;数据库必须能够支持大量数据的存储以实现对大量的发帖和回帖数据的保存;论坛一天 24 小时都可能有用户访问,夜间也不能停止休息,它必须能够进行长时间的连续工作;等等。

从上面的描述来看,软件系统"能不能工作"只是一个基本的要求,而能够"又好又快地工作"才是用户追求的目标。"好"体现为降低用户硬件资源成本,减少用户硬件方面的支出;"快"体现为较高的系统反应速度,即用户在进行了某项操作后能很快得到系统的响应,避免了用户时间的浪费。这些"好"和"快"的改进都体现在软件性能上。也就是说,性能就是在空间和时间资源有限的条件下,系统的工作情况。

综上所述,功能考虑的是软件"能做什么"的问题;而性能关注的是软件所完成的工作"做得如何"的问题。显然,软件性能的实现是建立在功能实现的基础之上的,只有"能做"才能考虑"做得如何"。了解功能和性能的区别之后,再理解功能测试和性能测试就很容易了。功能测试主要针对软件功能,常常会依据需求规格说明书开展测试;性能测试主要针对系统性能,通常会依据性能方面的指标或需求进行测试。性能测试的目的是验证软件系统是否能够达到用户提出的性能指标,发现软件系统中存在的性能瓶颈以优化软件和系统。性能测试追求完备性和有效性,进行软件性能测试需要测试人员具备多方面的知识储备。

作为一名合格的测试人员,为了进一步提升技术水平,除了掌握黑盒测试技术、Web 测试技术、性能测试技术以外,还应当了解其他重要的软件测试技术——接口测试技术、白盒测试技术。

4. 接口测试技术

(1) 什么是接口? 探讨接口测试之前,首先应搞清楚前端与后端。什么是前端? PC 端的网页与网站,以及 Android/iOS 平台下的 App 系统页面均为前端,这些漂亮、美观的视觉呈现大多由 HTML、CSS 等软件编写而成;后端则可理解为在页面上进行操作时,涉及的业务逻辑、功能的实现,例如购物支付时,就是由后端去控制用户购物金额的扣除等。那么,前端和后端是如何交互和连接的呢?答案是通过"接口",这样就可解决前后端的交互连接。

接口通常分为程序内部的接口和程序对外的接口两种。

程序内部的接口主要是进行方法与方法、模块与模块之间的交互,即程序内部抛出的接口,如投票系统包含的登录模块、投票模块等。用户如果想进行投票操作就需要先进行登录操作,登录模块和投票模块之间就需要有交互,它们就会抛出接口,供内部系统调用。

程序对外的接口主要供其他系统或程序的资源或数据调用。例如旅馆住宿系统需要读取用户的身份证办理入住,而读取身份证后需要获取用户身份信息,这些信息来源于公安系统的数据库。如何获取到这些信息呢?公安系统的数据库是绝不会完全共享给开发者的,只能给开发者提供一个已写好的方法来获取数据,开发者引用对方提供的接口,就可使用这个写好的方法达到获取数据的目的。再如,App、银行支付、网上购物等在进行数据处理的时候,均是通过接口进行调用的。

(2) 为什么要进行接口测试?常常有人问,已经对软件系统进行了非常充分的功能测试、UI测试,还需要进行接口测试吗?例如,针对登录功能,用户需求规定了字段长度和类型要求,则软件测试人员需要在功能测试中针对字段长度、字段类型、各种组合等情况进行充分测试,但是这些测试往往仅在系统的前端做校验,而忽略了后端校验。

试设想以下3个问题。

① 若此时通过抓包方式绕过前端校验直接发送到后端会怎样?

② 如果用户名和密码未在后端进行校验,而恶意攻击者又绕过了前端校验,是不是就可以任意输入用户名和密码了?

③ 如果通过SQL注入等攻击手段来登录,乃至获取管理员权限,则系统漏洞不就更加显而易见?

因此不难理解,接口测试有以下好处:可以发现很多在页面上操作发现不了的缺陷(bug);可以节约测试时间,缩短项目周期,提高工作效率;可以提高系统的健壮性。

(3) 什么是接口测试?接口测试主要用于测试系统组件之间的接口,既检测外部的系统与系统之间的交互点,也检测内部各个子系统之间的交互点。接口测试的重点是检查数据的交换、传递和控制管理过程,以及系统间的相互逻辑依赖关系等。简而言之,接口测试可理解为通过测试不同情况下的输入参数及与之相应的输出参数的信息来判断接口是否满足相应的功能性、安全性要求。

接口测试无须关注页面,仅通过接口规范文档中的调用地址、请求参数等有效信息即可进行报文拼接,然后借助Postman、Fiddler等工具或Requests等库来调用接口向服务器发送请求,通过传送不同的参数,检查返回结果,验证接口返回的数据。所以,接口测试仅测试输入参数和输出参数即可,相对于功能测试还需要验证UI等而言,接口测试更为简单。后续章节将探讨接口测试相关知识。

5. 白盒测试技术

白盒测试是指在设计和执行用例过程中,将程序视为透明的白盒子,不仅要关注输入内容和输出结果,还要关注程序内部结构并验证其是否正常。

通常,白盒测试技术可从静态测试、动态测试两方面进行阐述。其中,静态测试又可细分为代码检查法、静态结构分析及代码质量度量等。静态测试更多地强调依据编码规范及程序结构来对代码的规范性、可读性,代码逻辑表达的正确性,代码结构的合理性等方面进行分析和检测。具备一定的编程知识后,开展相关静态测试并不难,但是仅具备编程知识却不一定能顺利进行动态测试。动态测试更多地强调通过程序的执行来发现其中隐藏的缺陷,而程序的执行往往需要在白盒测试工具中运行相关的测试用例及测试代码来完成。因此,后续章节将重点结合白盒测试用例设计技术及常见典型白盒测试工具相关知识进行讲解,旨在进一步介绍白盒测试的过程。

综上所述,由于白盒测试需要对程序结构进行分析和解读,需要测试人员掌握相关的编程知识,因此要从事此领域相关工作,就应不断地学习和积累程序编码相关知识与技术。

实验 1　Fiddler 测试工具的应用

1. 实验目标

- 理解 Fiddler 工具基本原理。
- 掌握 Fiddler 的各项操作。
- 掌握 Fiddler 的安装及基础应用的方法。
- 掌握请求重定向操作。
- 掌握 HTTP 请求的原理及自定义请求方法。
- 掌握 Fiddler 的断点应用方法。
- 了解 HTTPS 数据抓取过程与移动设备数据包抓取过程。

2. 背景知识

1）抓包的概念

一般情况下,数据依据各种不同的网络协议,按照一定的格式在网络上传输(以帧为单位)。对需要发送的数据进行包装的时候,通常会把数据的接收方、发送的地址(MAC 地址、IP 地址等)一起包装并进行发送。根据发送方和接收方的地址,会生成一条数据包的传输路径,在这条路径上,发送的数据包会经过网络上很多台主机。标准的 TCP/IP 处理方式下,当有数据经过主机时,主机会通过存放在数据包里面的地址进行判断,分析当前数据包的发送对象是否是自己,若发送对象是自己,则主机就会对其进行解析和存储;否则,主机就不会对其进行解析,会简单地进行丢弃和转发。

不同主机之间的数据通信可通过网络进行传输,针对在网络上传输的数据(例如向服务器发送及请求的图片、网页等数据信息)进行的监听、截获、编辑、转存等操作称作抓包。抓包可以抓取计算机端请求的数据包,也可抓取移动端请求的数据包。

2）抓包的作用

通过对网络上传输的数据进行抓取,可以对其进行分析,进而对软件的调试(Debug)起到协助作用,抓包界面如图 1.1 所示。当然,也可通过抓取用户发送的相关信息(例如用户名和密码等涉及用户个人隐私的、会威胁支付安全的数据包)来检验软件是否存在安全漏洞,开展有针对性的安全性测试。此外,抓包也是接口测试的有效有段之一。

3）常用抓包工具

抓包工具是拦截、查看网络数据包内容的工具软件。Fiddler、Firebug、WireShark、TcpDump 等均为当前较为常用的抓包工具。

Firebug 虽然可以抓包,但是分析 HTTP 请求的详细信息的功能不够强大,模拟 HTTP 请求的功能也不够强大,且 Firebug 常常需要无刷新修改,即如果刷新了页面,所有的修改都不会保存。

用 WireShark 工具在 PC 端进行截获、分析时,可完整查看网络中的每一个层、协议、数据包的详细信息,TCP、UDP、HTTP、HTTPS 等协议的数据包均可获取。虽然该工具功能

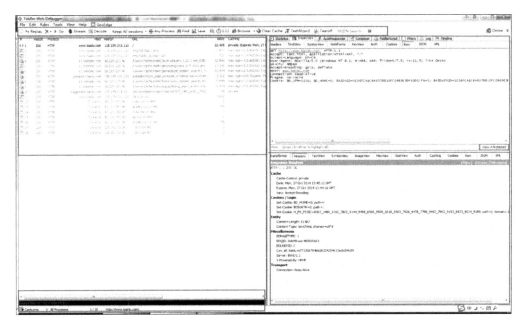

图 1.1 抓包界面

强大,但是缺点也较为明显,对于只需要抓取 HTTP 请求的应用来说,似乎有些大材小用,由于其获取的信息太多,容易造成干扰,往往需要手动过滤和分析。另外,该工具抓取的信息仅能查看,不能修改、重发网络数据包。

TcpDump 为 Android 平台下的网络数据抓包工具,它是 Android 模拟器中自带的 TcpDump 文件。用 TcpDump 对网络数据抓包时,手机无须代理,只需将网络数据包添加到 WireShark 中进行分析即可。该工具的缺点是要求手机必须获取 Root 权限且不能查看实时通信数据,因为抓取的是 Dump 出来的文件,所以不能进行实时数据交互。而且由于该工具抓取到的数据很多,分析时需要过滤才能查看真正有用的信息。

此外,读者在浏览时按 F12 键即可启动浏览器开发者工具协助开发与测试,但是该方式不能进行请求修改和抓取,往往仅支持查看,而 Fiddler 应用灵活,能够进行请求的查看、抓取、修改。因此,建议使用 Fiddler 工具进行抓包及接口测试。Fiddler 是位于客户端和服务器端的 HTTP 代理,也是目前最常用的 HTTP 抓包工具之一。既然是代理,也就是说客户端的所有请求都要先经过 Fiddler,然后转发到相应的服务器;反之,服务器端的所有响应也都会先经过 Fiddler 然后发送到客户端。基于这个原因,Fiddler 支持所有可以设置 HTTP 代理为 127.0.0.1:8888 的浏览器和应用程序,使用 Fiddler 之后,Web 客户端和服务器的请求交互如图 1.2 所示。

Fiddler 能够记录客户端和服务器之间的所有 HTTP 请求,抓取、分析计算机中所有进出该网卡与网络进行数据交互的数据。通过设置代理服务器,Fiddler 也可针对移动端抓包。Fiddler 主要针对 HTTP 与 HTTPS 协议分析请求数据、设置断点、调试 Web 应用、修改请求的数据,能够查看数据包中的内容,甚至可以修改服务器返回的数据,功能很强大,简单易操作。Fiddler 的缺点是只适用于一次请求,下次请求需要重新设定;手动修改需要花

Fiddler
服务器
客户端
浏览器

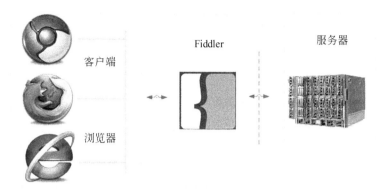

图 1.2　Web 客户端和服务器的请求交互

费时间，如果程序等待超时，本次设定的响应结果失效。简而言之，Fiddler 可以将网络上传输的数据包进行截获、重发、编辑、转存等，也可以检测网络的安全性。

4）Fiddler 主界面介绍

Fiddler 主界面可以划分为 6 个区域：菜单栏、工具栏、会话栏、详情与数据统计面板、命令行栏和状态栏，如图 1.3 所示。

Progress Telerik Fiddler Web Debugger
File Edit Rules Tools View Help ①
②
WinConfig Replay Go Stream Decode Keep: All sessions Any Process Find Save Browse Clear Cache TextWizard Tearoff MSDN Search...
③
④
⑤
⑥

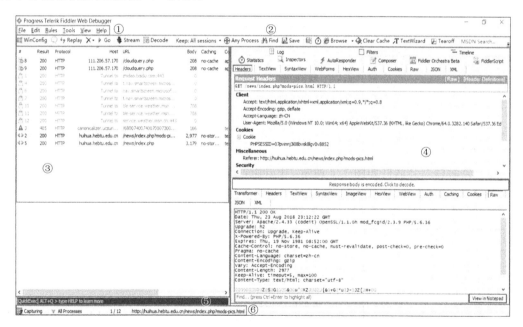

图 1.3　Fiddler 主界面

注：①菜单栏；②工具栏；③会话栏；④详情与数据统计面板；⑤命令行栏；⑥状态栏

(1) 工具栏。工具栏如图 1.4 所示，各选项功能介绍如表 1.1 所示。

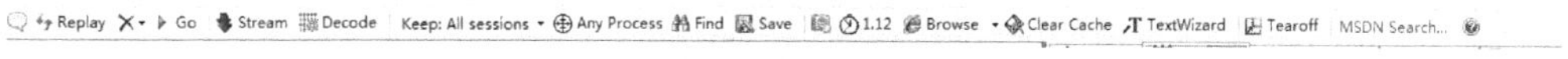

Replay Go Stream Decode Keep: All sessions Any Process Find Save 1.12 Browse Clear Cache TextWizard Tearoff MSDN Search...

图 1.4　工具栏

表 1.1 工具栏各选项功能介绍

选　　项	功　　能
◯	注释
⚡ Replay	重新发送某个请求
✕ ▾	删除会话，可选择性删除部分请求
▷ Go	继续执行，放行断点时单击即可
⬇ Stream	切换流模式/缓冲模式。流模式下，Fiddler 会即时将 HTTP 响应的数据返回给应用程序，更接近真实浏览器的性能，但是不能控制响应，时序图更准确；缓冲模式下，Fiddler 直到 HTTP 响应完成时才将数据返回给应用程序，可以控制响应、修改响应数据，但是时序图有时会出现异常
▦ Decode	解码，即将请求的内容解压，使之便于阅读
Keep: All sessions ▾	保留会话，但是保存会话越多，内存消耗越大
⊕ Any Process	过滤请求，可设置仅捕获某个客户端发送的请求，单击 Any Process 并将其拖到指定客户端上即可，可监控指定进程（如监控某个浏览器，则仅抓取该浏览器相关的内容）
🔍 Find	查找，可通过颜色标识相应的内容
💾 Save	保存会话，下次需要时打开即可查看
📷	截屏，同时具有计时器功能
⏱ 1.12	计时功能，右击则将计时清空
🌐 Browse ▾	启动浏览器
◈ Clear Cache	清除 IE 浏览器的缓存
𝓣 TextWizard	编码/解码工具，当浏览器的某些路径被编码后，借助该工具可得到解码后的路径或其他文本信息
⬓ Tearoff	窗体分离，需要恢复时直接关闭即可

（2）会话栏。会话栏如图 1.5 所示。Fiddler 开始工作后，抓取到的数据包会显示于会话列表中，会话列表中各列的含义如表 1.2 所示；会话栏常用的图标介绍如表 1.3 所示。

表 1.2 会话栏各列的含义

列名称	含　　义
#	抓取 HTTP Request 的顺序，从 1 开始，依次递增
Result	HTTP 状态码
Protocol	请求使用的协议，如 HTTP、HTTPS 等
Host	请求地址的主机名
URL	请求资源的位置
Body	请求的大小
Caching	请求的缓存过期时间或者缓存控制值
Content-Type	请求响应的类型
Process	发送此请求的进程、进程 ID
Comments	允许用户为此会话添加备注
Custom	允许用户设置自定义值

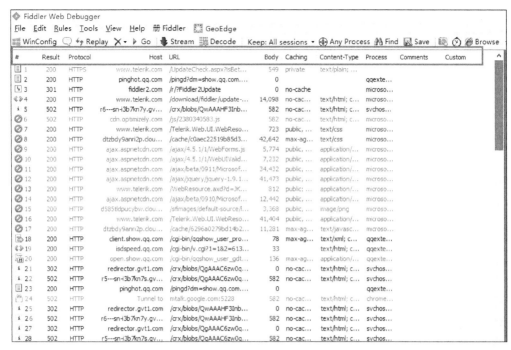

图 1.5 会话栏

表 1.3 会话栏常用的图标介绍

图标	说　明
⬆	请求已经发往服务器
⬇	已从服务器下载响应结果
⯭	请求从断点处暂停
⯯	响应从断点处暂停
ⓘ	请求使用 HTTP 的 HEAD() 方法,即响应没有内容
🗈	请求使用 HTTP 的 POST() 方法
💲	请求使用 HTTP 的 CONNECT() 方法,使用 HTTPS 协议建立连接路径
🗔	响应是 HTML 格式
🖻	响应是一张图片
💲	响应是脚本格式
🗋	响应是 CSS 格式
⟨⟩	响应是 XML 格式
(js)	响应是 JSON 格式
♫	响应是一个音频文件
🎬	响应是一个视频文件

图标	说　　明
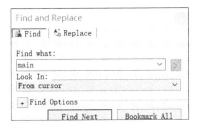 响应是一个 SilverLight
	响应是一个 Flash
	响应是一个字体
	普通响应成功
	响应是 HTTP/300、301、302、303 或 307 重定向
	响应是 HTTP/304(无变更)，使用缓存文件
	响应需要客户端证书验证
	服务器端错误
	会话被客户端、Fiddler 或者服务器端终止

基于测试需要，此处扩充一个知识点，即 HostIP 项的开启。在默认情况下，Fiddler 的会话栏中不显示 HostIP 项，可通过编写 CustomRules.js 来增加或减少会话栏的栏目，即通过编写 CustomRules.js 在会话栏中添加 HostIP 列，具体方法如下。

第 1 步，选择 Rules|Customize Rules 菜单选项，打开记事本页面。

第 2 步，在记事本中，选择 Edit|Find 菜单选项，搜索 main()函数，如图 1.6 所示。

图 1.6　搜索 main()函数

第 3 步，如图 1.7 所示，添加如下代码：

```
FiddlerObject.UI.lvSessions.AddBoundColumn("HostIP", 60, "x-hostIP");
```

图 1.7　添加代码

第 4 步,进行保存,保存后即可在会话栏中找到 HostIP 列,如图 1.8 所示,并且可任意调整该列的位置。

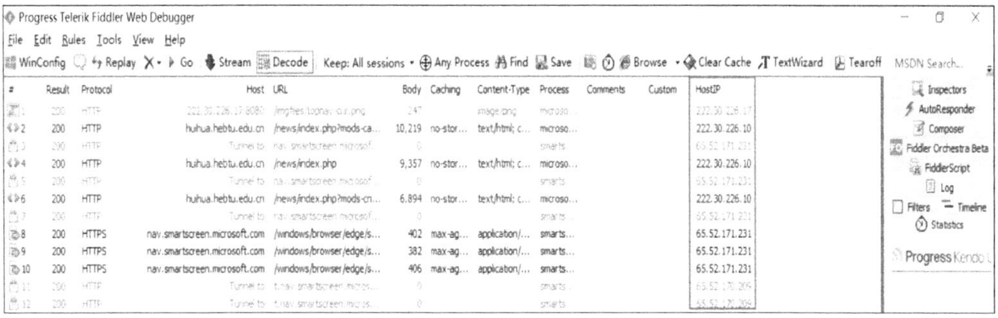

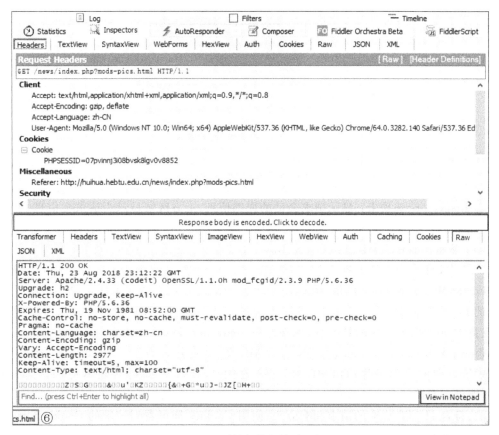

图 1.8　添加 HostIP 列

（3）详情与数据统计面板。在会话栏中任意单击一条请求,即可在右侧详情与数据统计面板查看该请求的详情和数据统计信息,如图 1.9 所示。

图 1.9　详情与数据统计面板

详情与数据统计面板中常用的选项卡介绍如下。

① Statistics 选项卡:显示与 HTTP 请求的性能相关的数据,如发送/接收字节数、发送/接收时间、请求总数、请求包大小、响应包大小、请求起始时间、响应结束时间、握手时间、

等待时间、路由时间、TCP/IP 传输时间、HTTP 状态码统计,以及返回的各种类型数据的大小统计、饼图展现等,如图 1.10 所示。不难看出,DNS 解析消耗的时间是 0,建立 TCP/IP 连接消耗的时间是 88ms 等。

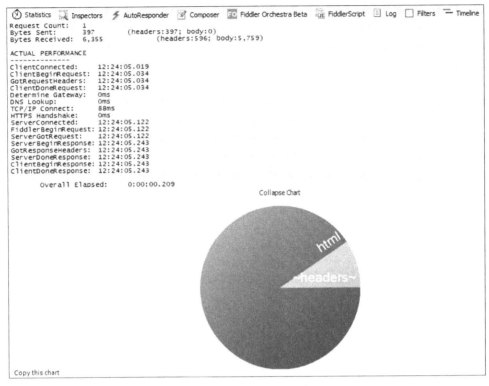

图 1.10　Statistics 选项卡

② Inspectors 选项卡:显示请求会话的详细信息,上方区域显示为请求头信息,下方区域显示响应头信息,如图 1.11 所示。针对单条 HTTP 请求的请求报文信息,支持 Headers、WebForms、XML、TextView、Raw、HexView、Auth、Cookies 及 JSON 等多种方式查看。其中,Headers 用于查看请求的 Header,包含客户端信息、Cookie 传输状态等;WebForms 用于查看 Body 的值;Raw 用于将整个请求显示为纯文本样式;XML 用于显示请求的 Body 为 XML 样式的请求,具体表现形式为分级的 XML 树。针对响应报文的信息,支持 ImageView、Auth、Raw、Cookies、Transformer、Headers、TextView、SyntaxView、HexView、WebView、Caching、JSON 及 XML 等多种方式查看。例如,JPG 格式使用 ImageView 即可看到图片;HTML/JS/CSS 使用 TextView 即可看到响应的内容;使用 Auth 即可查看授权 Proxy-Authorization 和 Authorization 的相关信息;使用 Raw 即可查看原始的、符合 HTTP 标准的请求和响应头;使用 Cookies 即可看到请求的 Cookie 和响应的 Set-cookie 头信息等。

③ AutoResponder 选项卡:请求重定向,可用于拦截指定规则的请求,即按个人添加的指定规则重定向到本地的资源或 Fiddler 资源,从而代替服务器响应,因为拦截和重定向后,实际访问的是本地的文件或者得到的是 Fiddler 的内置响应。AutoResponder 选项卡如图 1.12 所示。对于请求,可进一步理解为需要调用的一些资源,涵盖 JS、CSS 及图片等;对

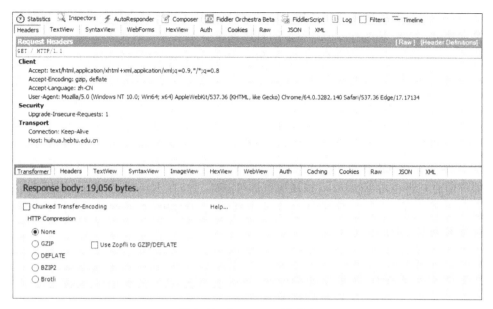

图 1.11　Inspectors 选项卡

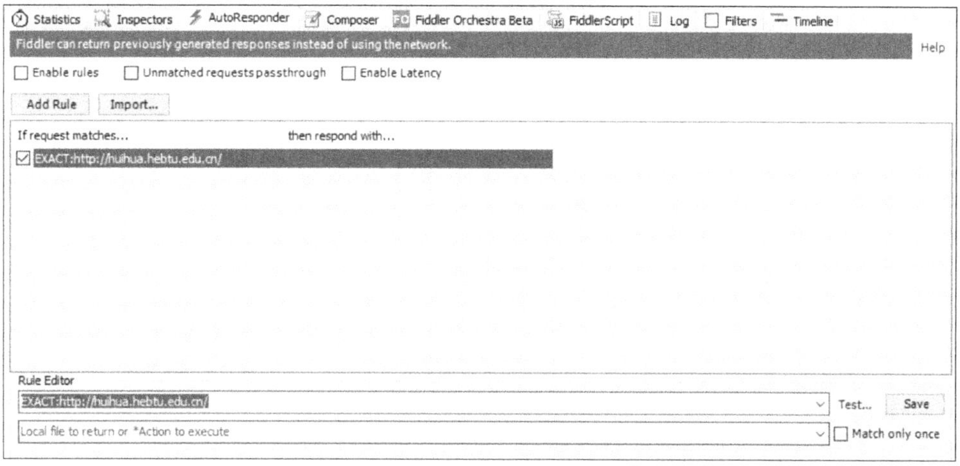

图 1.12　AutoResponder 选项卡

于重定向,可进一步理解为将页面原本需要调用的资源指向其他资源,此处的资源是指能够
控制的资源或者可以引用到的资源等。本功能较常用,下面列举两个应用场景以帮助理解。

应用场景一:如果正式发布环境下某资源出现了缺陷而导致系统崩溃,则可以将前台
服务器的诸多或者某个资源在本地做副本,再将该资源的请求重定向到本地副本。该方式
不影响正式环境下的资源,可在本地副本继续开发、调试相应的页面,有效缩短资源维护的
等待时间。

应用场景二:开发工作往往是多人协同进行的,如果当前有多人维护某个 JS 文件且相
互之间会有干扰,则可以将该 JS 文件复制出来在本地做副本,再将该 JS 的调用重定向到本
地的无干扰 JS 文件进行无干扰开发,待开发完成并调试通过后,再将代码合并至开发环境

即可。该方式可有效地避免工作互相干扰,而且能够在不影响线上调试的情况下使 JS 文件脱离开发环境。AutoResponder 选项卡的具体操作参见本实验的任务 3。

④ Composer 选项卡:在旧版本的 Fiddler 中,Composer 被称作 Request-Builder,顾名思义,其用途是请求构建,主要用于自定义请求并发送至服务器,既可以手动创建一个新的请求,也可在会话表中拖曳一个现有的请求。Composer 选项卡如图 1.13 所示。通常,以下两种请求构建方式较为常用。第一种,在 Parsed 选项卡下,设置请求类型,并输入请求的URL,同时可修改相应的头信息(例如添加常用的 accept、host、referrer、cookie 及 cache-control 等头部),若有需要也可在 Request Body 区域定制一些属性(例如 User-Agent 模拟浏览器等信息),再单击 Executed 按钮执行即可;第二种,在 Raw 选项卡下,使用 HTTP 头部信息构建请求即可,与第一种请求构建方式类似,限于篇幅,不再赘述。Composer 选项卡具体操作参见本实验的任务 4。

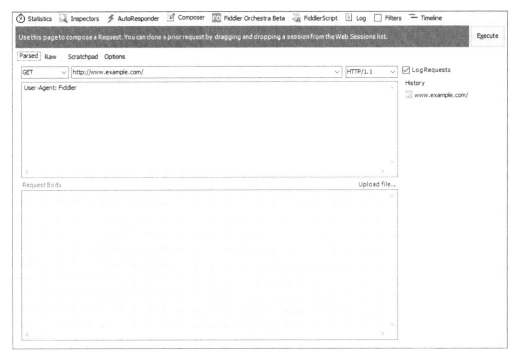

图 1.13　Composer 选项卡

⑤ Filters 选项卡:过滤规则,通过设置过滤规则可过滤所需的 HTTP 请求,选中左上角的 Use Filters 复选框即可开启过滤器,如图 1.14 所示。其中,过滤条件 Zone 和 Host 较为常用。Zone 用于指定仅显示内网(Intranet)或互联网(Internet)的内容,如图 1.15 所示。Zone 字段项说明如表 1.4 所示。Host 用于指定显示某个域名下的会话,如图 1.16 所示。Host 字段项说明如表 1.5 所示。例如,图 1.17 所示的设置表示仅显示域名 huihua. hebtu. edu. cn 下的请求,如果文本框中文字背景为黄色,表示修改尚未生效,单击右上角 Changes not yet saved. 即可,此后即便访问其他网址,也仅在会话栏显示 huihua. hebtu. edu. cn 下的请求过滤信息,如图 1.18 所示。

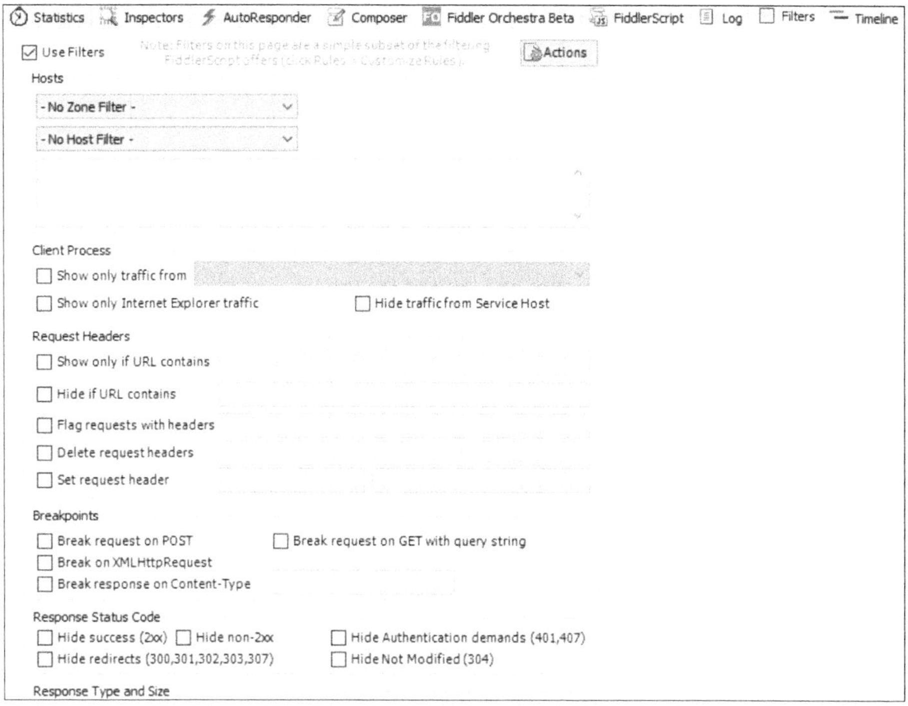

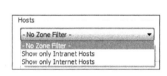

图 1.14　Filters 选项卡

表 1.4　Zone 字段项说明

Zone 字段项	说　　明
No Zone filter	不设置 Zone 过滤
Show only Intranet Hosts	只显示内网 Host
Show only Internet Hosts	只显示互联网 Host

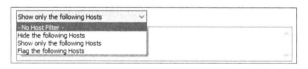

图 1.15　仅显示内网或互联网的内容

图 1.16　显示某个域名下的会话

表 1.5　Host 字段项说明

Host 字段项	说　　明
No Host Filter	不设置 Host 过滤
Hide the following Hosts	隐藏过滤的域名
Show only the following Hosts	只显示过滤的域名
Flag the following Hosts	标记过滤的域名

图 1.17　过滤域名示例

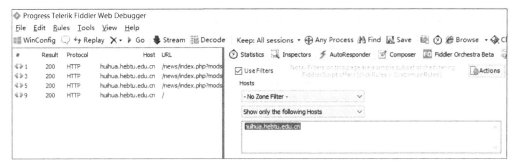

图 1.18　请求过滤信息

⑥ Timeline 选项卡：显示请求响应时间，在会话栏中选择一个或多个请求，Timeline 选项卡中可显示相应请求从服务器端响应到客户端耗费的时间，如图 1.19 所示。

图 1.19　Timeline 选项卡

上述介绍中，省略了 Fiddler Orchestra Beta、Fiddler Script 及 Log 选项卡的介绍，三者对于特定情况下的脚本调试有一定的作用。在开发过程中，Fiddler 是最常用的调试工具之一，通常借助 Fiddler 默认菜单的功能即可满足测试要求，如果仅通过 Fiddler 默认菜单已无法达到测试要求时，则可借助 Fiddler Script 满足更复杂的测试要求。限于篇幅，此处不再赘述。

（4）命令行栏。命令行栏称作 QuickExec，位于 Fiddler 主界面的左下角，如图 1.20 所示。可在命令行栏中输入命令进行部分操作，常见命令如表 1.6 所示。此外，与中断功能有关的命令如表 1.7 所示。

[QuickExec] ALT+Q > type HELP to learn more

图 1.20　命令行栏

表 1.6 常见命令

命令	对应请求项	说 明	示 例
help	All	打开官方的使用介绍,会列出所有的命令	
?	All	?后边接一个字符串,可以匹配包含该字符串的请求	?. png
>	Body	>后面接一个数字,可以匹配请求大小大于这个数字的请求	>1000
<	Body	<后面接一个数字,可以匹配请求大小小于这个数字的请求	<100
=	Result	=后面接一个数字,可以匹配 HTTP 返回状态码	=200
@	Host	@后面接 Host,可以匹配域名,支持模糊匹配	@www. baidu. com
select	Content-Type	选择会话的命令,select 后面接响应类型,可以匹配相关的类型	select image
cls	All	清空当前所有请求,清屏(按 Ctrl+X 组合建也可清屏)	cls
dump	All	将所有请求打包成 saz 压缩包,保存到"我的文档\Fiddler2\Captures"目录下	dump
start	All	开始监听请求	start
stop	All	停止监听请求	stop

表 1.7 与中断功能有关的命令

命令	对应请求项	说 明	示 例
bpafter	All	截获 response	bpafter huihua 将中断后续访问的请求;再次输入 bpafter 解除断点
bpu	All	截获 request	bpu huihua 将收到请求,但中断后续访问的响应;再次输入 bpu 解除断点
bps	Result	后面接状态码,表示中断所有该状态码的请求	bps 200 将中断该状态码的请求;再次输入 bpu 解除断点
bpv/bpm	HTTP 方法	仅中断 HTTP 方法的命令,HTTP 方法包括 POST、GET 等	bpv get 将中断 GET 方法的命令;再次输入 bpv 解除断点
g/go	All	放行所有中断下来的请求	g 将放行前面中断的所有请求

(5) 状态栏。如图 1.21 所示,用于显示请求监听状态。

图 1.21 状态栏

3. 实验任务

任务 1: Fiddler 的安装

第 1 步,下载 Fiddler 安装包,其图标如图 1.22 所示。

第 2 步,单击 Fiddler_5.0.20173.49666_Setup.exe 安装程序,打开如图 1.23 所示页面,开始安装。

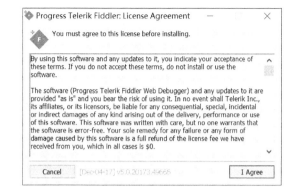

图 1.22 Fiddler 安装包图标   图 1.23 开始安装

第 3 步,单击 I Agree 按钮,打开图 1.24 所示页面,选择安装路径。

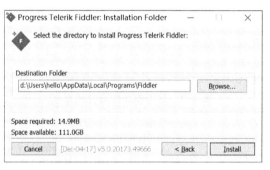

图 1.24 选择安装路径

第 4 步,单击 Install 按钮,自动进行安装,显示图 1.25 所示页面即表示安装完成。可以在"开始"菜单中查看已安装的 Fiddler 工具,如图 1.26 所示。

图 1.25 安装完成   图 1.26 "开始"菜单显示

第 5 步,启动 Fiddler,打开启动页面,如图 1.27 所示。随后进入图 1.28 所示的主界面,左侧区域自动显示一条条的记录,这就是工作中经常提到的 HTTP 请求或 HTTPS 请求,即接口。

任务 2:开启抓包功能

想要使用 Fiddler 抓到数据包,要确保 Capture Traffic 处于开启状态,选择 File |

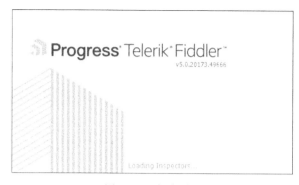

图 1.27　启动页面

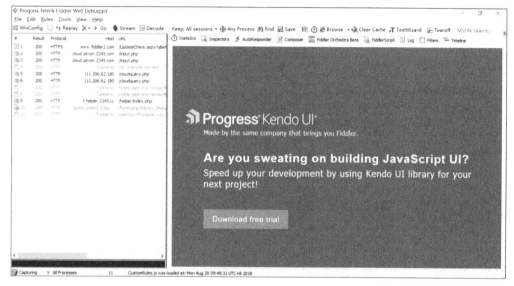

图 1.28　主界面

Capture Traffic 菜单选项即可进行功能开启，该功能开启后主界面左下角会有显示，当然也可直接单击左下角的图标开启或关闭抓包功能，如图 1.29 所示。

任务 3：AutoResponder 请求重定向

本实验的背景知识中已经阐述了 AutoResponder 选项卡的作用，即请求重定向，可用于拦截指定规则的请求。也就是说，按照个人添加的指定规则重定向到本地的资源或 Fiddler 资源，从而代替服务器响应。本任务中，将 huihua. hebtu. edu. cn 与本地计算机的一张图片绑定，再访问 huihua. hebtu. edu. cn 时，网页就会显示绑定的本地计算机上的图片。具体操作步骤如下。

第 1 步，在会话栏中选择某个请求，在此以 huihua. hebtu. edu. cn 为例，选择 AutoResponder 选项卡，进入请求重定向设置页面，如图 1.30 所示。

第 2 步，单击 Add Rule 按钮，添加相应的规则，如图 1.31 所示。

注意：添加相应的规则时，可支持多种匹配模式。下面对各种匹配模式简要介绍如下。

EXACT 匹配模式：完全匹配 URL 时才进行映射处理，如图 1.32 所示。

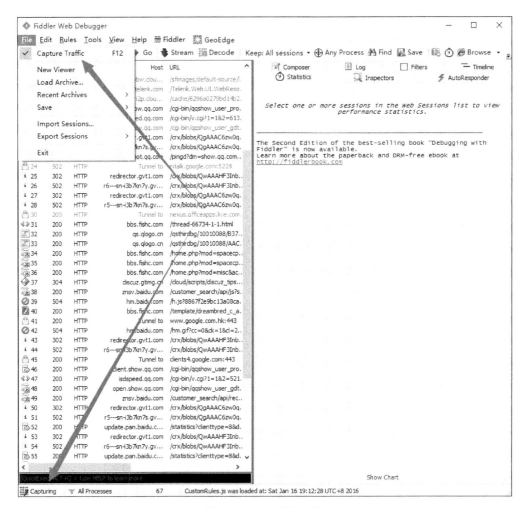

图 1.29　开启抓包功能

图 1.30　请求重定向设置页面

字符串匹配模式：只要包含指定字符串，且不区分大小写，则全部认为是匹配。例如，对 baidu.com 进行字符串的示例如表 1.8 所示。

图 1.31 添加相应的规则

图 1.32 EXACT 匹配模式

表 1.8 字符串匹配示例

字符串匹配(baidu. com)	是否匹配
http://www. baidu. com	是
http://pan. baidu. com	是
http://tieba. baidu. com	是

正则表达式匹配模式:使用正则表达式来匹配时,当前规则需要区分大小写,以 regex:(?inx)开头,表示可以使用正则表达式来匹配哪些 URL 进行映射处理。例如 regex:(?inx).*\.(css|js|php)\$表示匹配所有以 css、js、php 结尾的请求 URL;再如,图 1.32 的下拉列表中第二项规则的匹配示例如表 1.9 所示。

表 1.9 正则表达式匹配示例

正则表达式匹配(regex:.+.(gif|png|jpg)\$)	是否匹配
http://xxx. xxx. com/Path1/query=example. gif	是
http://xxx. xxx. com/Path1/query=example. Gif	是
http://xxx. xxx. com/Path1/query=example. bmp	是
http://bbs. fishc. com/Path1/query=foo. bmp&bar	否

第 3 步,单击图 1.32 的 Rule Editor 区域下拉列表中的第二项规则,在弹出的下拉列表中选择 Find a file…,如图 1.33 所示。

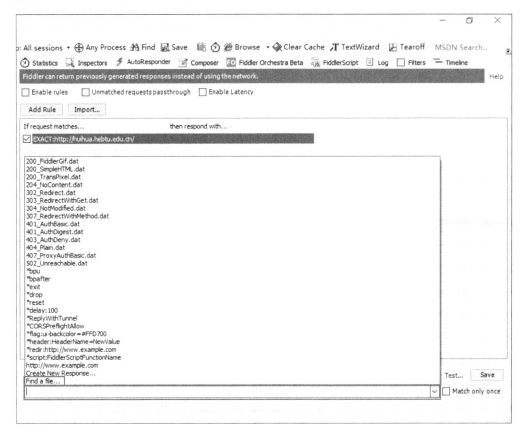

图 1.33　选择 Find a file…

第 4 步,单击 Find a file…,然后选择本地计算机上的任意图片或 HTML 页面。此处选择本地计算机桌面上的 test.png 文件,成功添加本地文件后,页面显示如图 1.34 所示,也可单击 Save 按钮进行保存。

第 5 步,勾选 Enable rules 复选框,启用当前设置的规则,如图 1.35 所示。

第 6 步,针对本任务中的 huihua.hebtu.edu.cn 请求,单击 Replay 图标重新执行操作,如图 1.36 所示。

第 7 步,切换至新的 huihua.hebtu.edu.cn 请求,打开详情与数据统计面板的 Inspectors 选项卡,并在响应中选择 ImageView 视图,如图 1.37 所示,可看到 huihua.hebtu.edu.cn 直接重定向至本地的 test.png 文件,重定向操作生效。当然,也可启用规则后在浏览器的地址栏中输入 huihua.hebtu.edu.cn,此时会发现原网站页面显示的是绑定的本地图片。

值得提醒的是,本步骤中除了可以直接重定向到本地图片文件,也可以重定向到本地 HTML 文件或使用 Fiddler 的内置响应。图 1.38 所示为 Fiddler 支持的拦截重定向的方式。

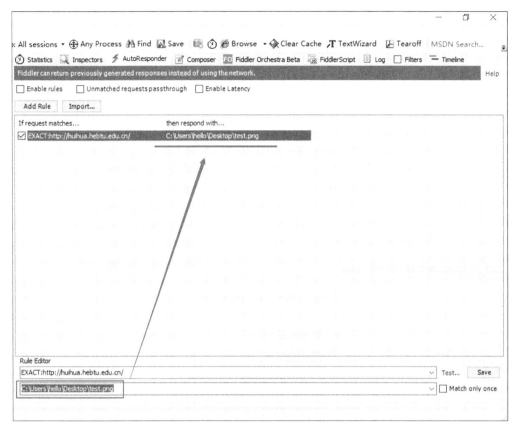

图 1.34　成功添加本地文件

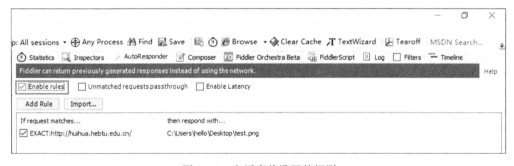

图 1.35　启用当前设置的规则

图 1.36　重新执行操作

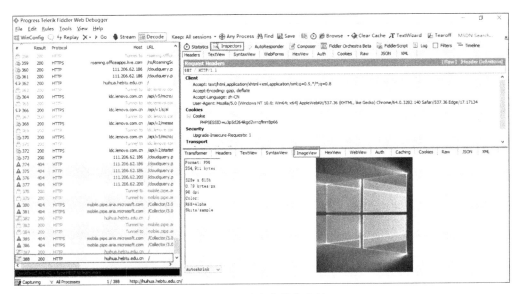

图 1.37　重定向操作生效

```
200_FiddlerGif.dat
200_SimpleHTML.dat
200_TransPixel.dat
204_NoContent.dat
302_Redirect.dat
303_RedirectWithGet.dat
304_NotModified.dat
307_RedirectWithMethod.dat
401_AuthBasic.dat
401_AuthDigest.dat
403_AuthDeny.dat
404_Plain.dat
407_ProxyAuthBasic.dat
502_Unreachable.dat
*bpu
*bpafter
*exit
*drop
*reset
*delay:100
*ReplyWithTunnel
*CORSPreflightAllow
*flag:ui-backcolor=#FFD700
*header:HeaderName=NewValue
*redir:http://www.example.com
*script:FiddlerScriptFunctionName
http://www.example.com
Create New Response...
Find a file...
```

图 1.38　Fiddler 支持的拦截重定向的方式

任务 4：Composer 自定义请求

Composer 选项卡自定义请求功能也很重要,即请求构建,主要用于自定义请求并发送至服务器,此功能既可以手动创建一个新的请求,也可以在会话列表中拖曳一个现有的请求。下面,以构造 http://huihua.hebtu.edu.cn/网址访问为例进行说明。

第 1 步,通过 Fiddler 或 Chrome 等浏览器进行请求抓取。例如,在 Fiddler 中抓取一个现有请求,右击 huihua.hebtu.edu.cn 请求,选择 Copy|Headers only 菜单选项,如图 1.39 所示。

第 2 步,将复制出的内容粘贴至记事本文件,如图 1.40 所示。

第 3 步,从记事本文件中复制相应内容至 Composer 选项卡,如图 1.41 所示。

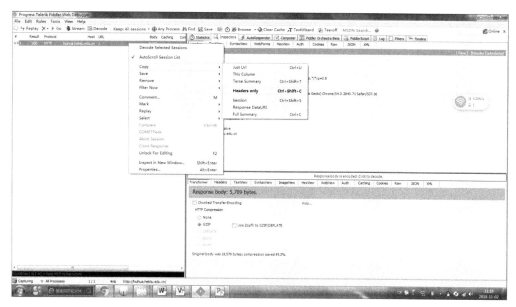

图 1.39 选择 Copy|Headers only 菜单选项

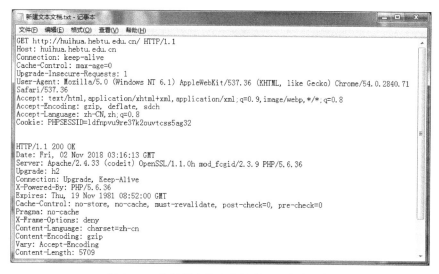

图 1.40 将复制出的内容粘贴至记事本文件

第 4 步,单击 Execute 按钮,将请求发送至服务器,切换至 Inspectors 选项卡,在下方的响应中选择 TextView 标签,可查看请求成功后服务器返回的响应信息,如图 1.42 所示。

值得说明的是,日常生活中经常需要构造一些 HTTP 请求去模拟客户端访问后端的情况,主要目的是测试后端功能的正确性。构造 HTTP 请求而不直接使用客户端的原因是有时客户端的服务模块先提交了测试,而此时尚无客户端可用,因此在实际操作中可通过 Fiddler 请求构造,通常构造的是 HTTP 协议的 GET 和 POST 请求。

任务 5:断点的综合应用

Fiddler 最强大的功能莫过于断点功能。断点功能就是将请求截获后暂不发送,因此进

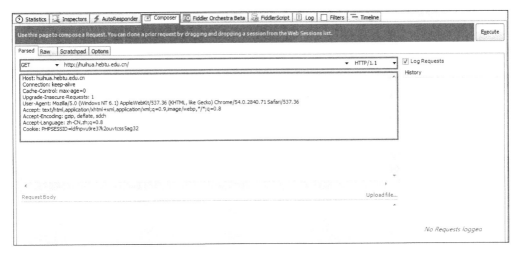

图 1.41　从记事本文件中复制相应内容至 Composer 选项卡

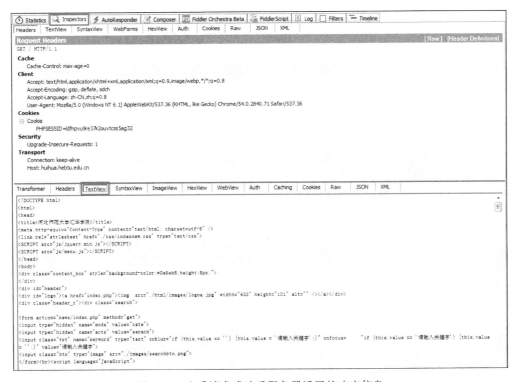

图 1.42　查看请求成功后服务器返回的响应信息

行断点设置后,可以修改 HTTP 请求的任何信息,包括参数值信息、表单中的数据、Host 或 Cookie 等。Fiddler 主要支持以下 3 种断点功能设置方法。

方法 1:打开 Fiddler,选择 Rules|Automatic Breakpoint|Before Requests 菜单选项,然后进行断点设置,该方法会中断所有的会话。此后,若进行中断消除,选择 Rules|Automatic Breakpoint|Disabled 菜单选项设置即可。

方法 2:在命令行中输入命令"bpu www.xxx.com"。该方法仅会中断 www.xxx.

com,对其他请求无影响。此后,若进行中断消除,在命令行中输入命令"bpu"即可。

方法3:在状态栏中进行单击操作来设置断点,下面介绍采用该方法进行断点设置的具体步骤。

第1步,依据正常购物流程,熟悉待测试业务。如图 1.43 所示,单击"夜神模拟器"图标,在夜神模拟器中运行待测试 App,如图 1.44 所示。

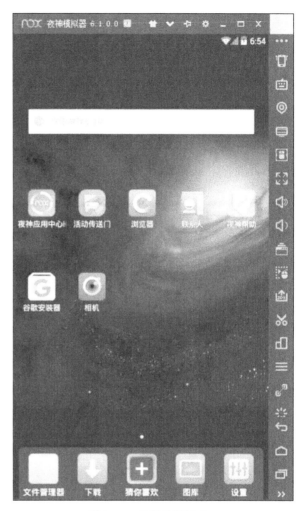

图 1.43　启动夜神模拟器　　　　　　　　　　图 1.44　运行待测试 App

第2步,单击浏览器图标,启动被测程序"京西商城",如图 1.45 所示。

第3步,在京西商城 App 中浏览商品,例如,选择查看某款箱包,如图 1.46 所示。

第4步,单击选中某款商品,查看商品详情,可知商品价格为"￥68.00",如图 1.47 所示。

第5步,单击"立即购买"按钮,可进行购买数量及颜色的选择,如图 1.48 所示。

第6步,如图 1.49 所示,在"确认订单"页面中选择"微信支付",单击"去结算"按钮,可打开"支付"页面进行扫码结算,如图 1.50 所示。

以上为正常购物流程。

图 1.45　启动被测程序

图 1.46　选择查看某款箱包

图 1.47　查看商品详情

图 1.48　选择数量及颜色

图 1.49　选择"微信支付"　　　　　　　　　图 1.50　扫码结算

第 7 步,采用异常购物流程进行系统支付漏洞检测,首先开启 Fiddler 工具,在夜神模拟器中运行待测试的京西商城 App。

第 8 步,Fiddler 将显示多条会话,如图 1.51 所示。当有较多的其他会话干扰信息时,可进行清除操作,如图 1.52 所示。

图 1.51　Fiddler 中显示多条会话

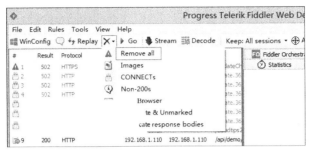

图 1.52 清除不需要的信息

第 9 步,单击第 4 步中选择的商品,查看商品详情,如图 1.53 所示。

图 1.53 查看商品详情

第 10 步,在产品详情页面中单击 ✕▾ 下拉按钮,选择 Remove all 选项,清理 Fiddler 监听到的数据,如图 1.54 所示。

图 1.54 清理 Fiddler 监听到的数据

第 11 步,在状态栏中单击图 1.55 所示的位置开启拦截功能,拦截功能开启后如图 1.56 所示,则后续的通信数据被拦截,未传到京西商城,可进行修改。

图 1.55　拦截功能开启前　　　　　　　　图 1.56　拦截功能开启后

第 12 步,再次清理 Fiddler 监听到的数据,清理后如图 1.57 所示。

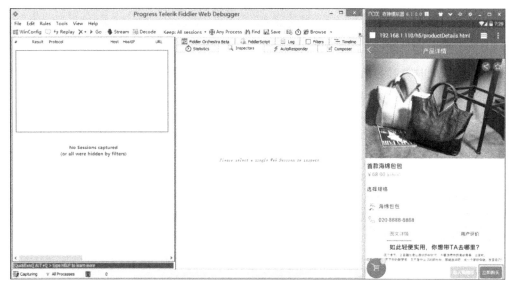

图 1.57　再次清理 Fiddler 监听到的数据

第 13 步,单击"立即购买"按钮,可拦截到"立即购买"的请求数据,产品详情页面未跳转,表明数据拦截成功,如图 1.58 所示。

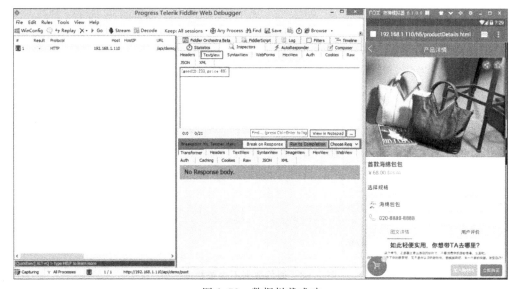

图 1.58　数据拦截成功

第 14 步,在 Fiddler 中,查看 Inspectors 选项卡下的 TextView 标签页,可查看拦截到的参数信息 goodID:233,price:68,如图 1.59 所示。

第 15 步,将拦截到的参数信息 goodID:233,price:68 修改为 goodID:233,price:1,如图 1.60 所示。

图 1.59　查看拦截到的参数信息

图 1.60　修改拦截到的参数信息

第 16 步,此时查看会话区域,消息仍为被拦截状态,如图 1.61 所示。

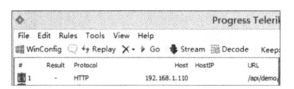
图 1.61　查看会话区域

第 17 步,在状态栏中双击图 1.62 所示的区域,可取消拦截功能,此后通信数据不再被拦截,如图 1.63 所示。

图 1.62　取消拦截功能

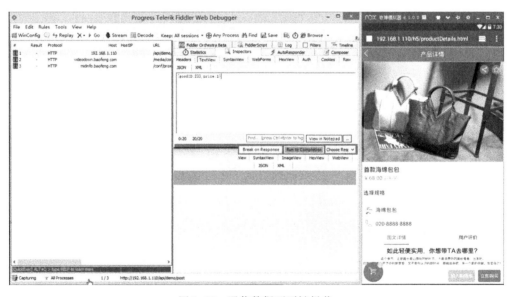
图 1.63　通信数据不再被拦截

第 18 步,单击 Run to Completion 按钮,继续执行,已拦截的数据被再次发送,对比图 1.64 和图 1.65 右侧页面的变化,页面不但进行了跳转,而且商品价格由"¥68.00"变成了 "¥1"。

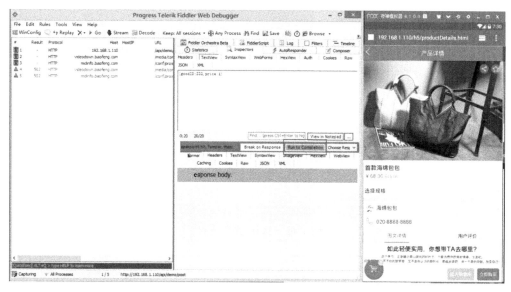

图 1.64　单击 Run to Completion 按钮

图 1.65　已拦截的数据被再次发送

第 19 步,在"确认订单"页面中选择"微信支付",如图 1.66 所示,单击"去结算"按钮,可 打开图 1.67 所示"支付"页面进行扫码结算。

本任务使用 Fiddler 进行了断点操作,分别进行了正常购物操作和异常购物操作,不难 发现其中的程序支付安全漏洞。

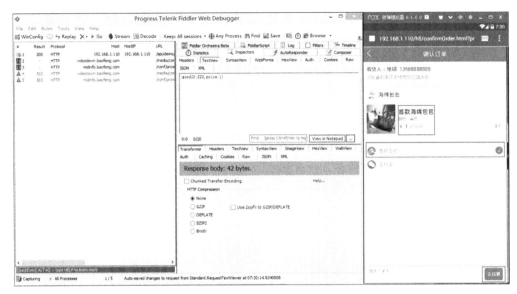

图 1.66　选择"微信支付"

图 1.67　扫码结算

任务 6：HTTPS 网络数据的解密设置

Fiddler 不仅能监听 HTTP 请求，而且能捕获 HTTPS 请求。Fiddler 可以通过伪造 CA 证书来"欺骗"浏览器和服务器，可理解为 Fiddler 在浏览器面前伪装成一个 HTTPS 服务器，而在真正的 HTTPS 服务器面前又伪装成浏览器，从而实现解密 HTTPS 数据包的目的。若想实现捕获 HTTPS 请求的功能，需通过简单设置并手动开启该功能。

第 1 步，如图 1.68 所示，选择 Tools|Options 菜单选项。

第 2 步，Options 对话框如图 1.69 所示，选择 HTTPS 选项卡，勾选 Decrypt HTTPS traffic 复选框，如果不必监听服务器端的证书错误，可以同时勾选 Ignore server certification errors(unsafe)复选框。

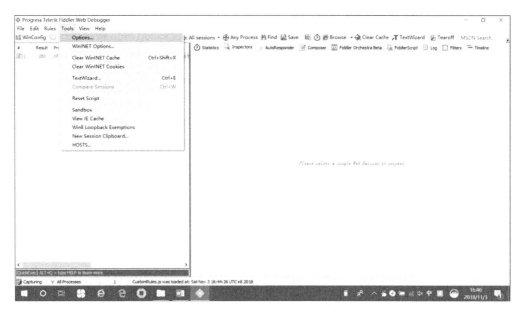

图 1.68　选择 Tools|Options 菜单选项

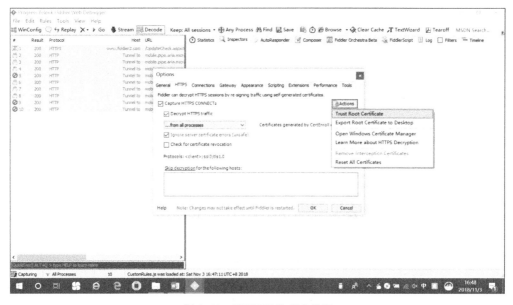

图 1.69　HTTPS 选项卡设置

　　第 3 步,选择 Actions|Trust Root Certificate 菜单选项,弹出安装证书提示对话框,单击 Yes 按钮,如图 1.70 所示。

　　第 4 步,在"安全警告"对话框中单击"是"按钮,如图 1.71 所示,即可完成证书的安装。此后,一般情况下可进行 HTTPS 请求和 HTTP 请求的同时监听。

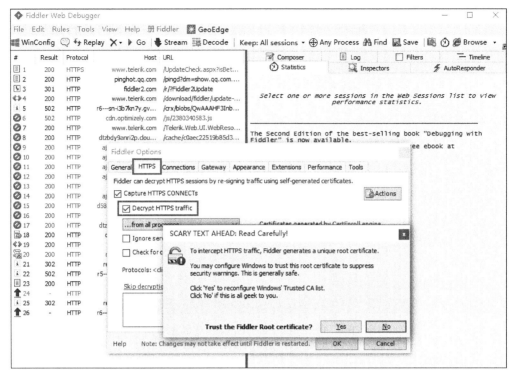

图 1.70　安装证书提示对话框

图 1.71　"安全警告"对话框

任务 7：移动端数据包的抓取

在测试工作中，常常需要对 Android/iOS 用户移动设备的数据包进行抓取，使用 Fiddler 抓取移动设备的数据包之前，应首先了解移动设备的网络访问方式，如图 1.72 所示。

不难理解，移动设备的数据包均要通过 WiFi 进行通信，因此可开启 PC 端的热点，将移动设备与 PC 连接，同时开启 Fiddler 代理，让数据包通过 Fiddler 进行传输，Fiddler 即可抓取到数据包，再发送给路由器，如图 1.73 所示。当然，也可让 PC 和移动设备均连接于同一个 WiFi。

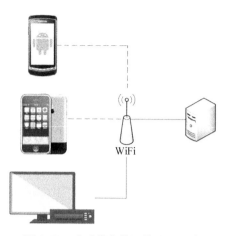

图 1.72　移动设备的网络访问方式

第 1 步，将 PC 和移动设备连接于同一个 WiFi，如图 1.74 和图 1.75 所示。

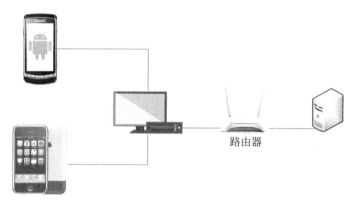

图 1.73　开启 PC 端的热点，将移动设备与 PC 连接

图 1.74　PC 连接 WiFi

图 1.75　移动设备连接 WiFi

第 2 步,打开 Fiddler,选择 Tools|Options 菜单选项,如图 1.76 所示。

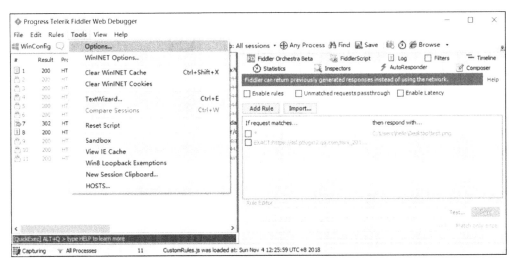

图 1.76　选择 Tools|Options 菜单选项

第 3 步,切换至 Connections 选项卡,如图 1.77 所示,设置代理端口为 8888,勾选 Allow remote computers to connect 复选框,单击 OK 按钮。

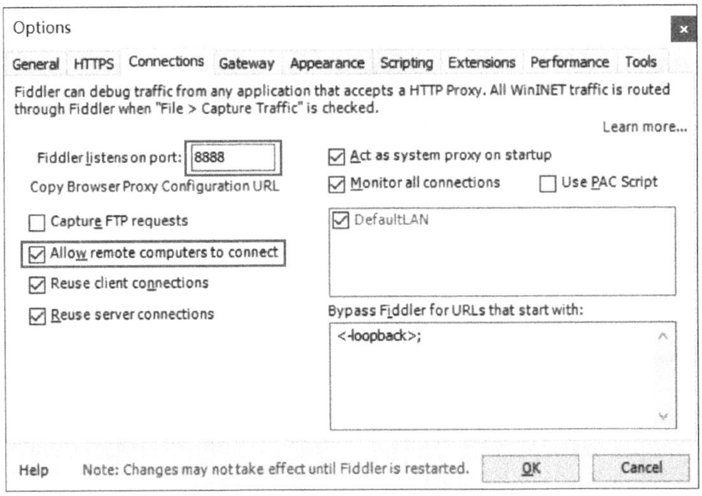

图 1.77　Connections 选项卡

第 4 步,此时可在 Fiddler 中查看本机无线网卡的 IP 地址,如图 1.78 所示。值得提醒的是,若未显示本机无线网卡的 IP,则需重启 Fiddler,或在操作系统的"运行"对话框中输入 cmd 命令,打开命令提示符窗口,然后输入 ipconfig 命令查看本机无线网卡的 IP,如图 1.79 所示。

第 5 步,更改手机无线网的代理,即在移动设备上设置代理 IP 与端口,如图 1.80 所示。其中,代理 IP 为图 1.79 中的 IP 地址,端口为 Fiddler 中的代理端口 8888。

第 6 步,在移动设备上输入代理 IP 和端口,访问网页并单击 FiddlerRoot certificate 超链接下载 Fiddler 的证书,如图 1.81 所示。

图 1.78　在 Fiddler 中查看本机无线网卡的 IP 地址

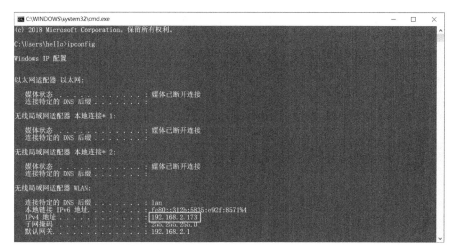

图 1.79　在命令提示符窗口中,查看本机无线网卡的 IP 地址

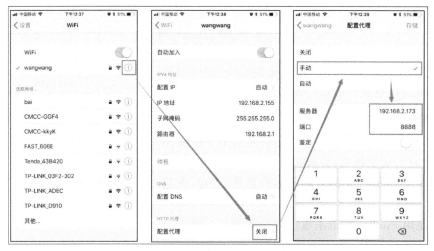

图 1.80　在移动设备上设置代理 IP 与端口

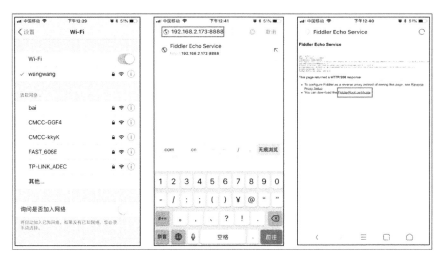

图 1.81　下载 Fiddler 的证书

第 7 步,证书下载后,安装证书并对证书命名,在安装过程中要设置一个密码,如图 1.82 所示。

图 1.82　对证书命名并设置密码

第 8 步,如图 1.83 所示,证书安装成功,即可用移动设备访问应用查看拦截到的数据包。

4. 拓展练习

(1) 使用 Fiddler 进行网站的抓包操作,并使用 Composer 进行请求模拟,要求响应状态码为 200。

(2) 使用 Fiddler 的断点功能体验抓包、改包、发包的操作。

(3) 使用 Fiddler 的请求重定向功能将某个请求会话映射为本地计算机上的某张图片。

图 1.83　证书安装成功

实验 2 Postman 测试工具的应用

1. 实验目标

- 理解接口测试用例的设计思路。
- 掌握 Postman 工具的安装方法。
- 掌握 Postman 工具的基本应用方法。

2. 背景知识

前面已经阐述了接口与接口测试的基本概念,本实验将以 Postman 工具为例,进一步探讨接口测试技术。

1)接口所处的层级

分层测试的金字塔图较为常见,如图 2.1 所示。进行接口测试之前,首先应了解接口测试处于哪个层级。自动化测试通常在页面层、接口层、单元层三层中开展。

第一层为页面层。自动化测试时与该层接触最多,例如 QTP、UFT、Selenium 等均为基于页面层的自动化测试,基于该层的测试实质上是功能测试,即从页面输入值,然后通过单击按钮或链接等传值给后端。基于该层的功能测试还要测试页面交互、前端交互等功能。

第二层为接口层。通常认为两个单元测试均无问题,且两者之间的接口也无问题,两者集成到一起才会比较可靠。

第三层为单元层,需要进行单元测试。通常单元测试由开发人员开展或由白盒测试工程师借助 JUnit、C++ Test 等进行。

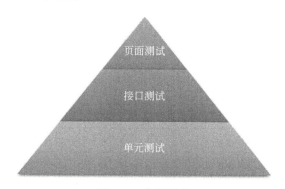

图 2.1　分层测试

下面分别对分层测试的 3 个层级进行简单介绍。

页面测试:常见的黑盒自动化测试,其测试场景最接近用户真实场景,也比较容易发现问题,但成本耗费最高且易受外部依赖,影响脚本成功率,所以处于分层测试金字塔图的顶端。

接口测试:应明确系统的结构和系统间的调度,了解接口逻辑关系。相对单元测试而言,接口测试较依赖外部环境,导致问题定位不如单元测试精确,因此接口测试的投入比单元测试稍多。

单元测试：模拟各种异常场景，对外部环境的依赖最少，且可以将测试力度降到最低。单元测试是一切测试的根基。

2）接口测试开展的流程

接口测试是否应该有规范的流程呢？答案是肯定的。例如支付接口的测试，并非任意进行两次支付操作就可以完成测试的，同样需要开展一系列的测试准备及相关执行操作。可以说，接口测试流程尤为重要。客观上来说，接口测试的编程与黑盒测试的流程较为一致，如图 2.2 所示。

图 2.2　接口测试的流程

3）接口文档示例

接口测试流程中，"用例设计"环节尤为重要。做好用例设计，有助于厘清测试思路，避免测试遗漏；利于提高测试效率，跟进测试进度；便于工作汇总与汇报，跟进重复性工作。那么，用例设计前要做哪些准备呢？黑盒测试前需要仔细阅读相关需求文档，接口测试前同样需要阅读相关接口文档。下面以会员注册接口为例介绍接口文档。

（1）接口地址：app-api/hellomember/Register。

（2）输入参数：如表 2.1 所示。

表 2.1　测试风险表（输入参数）

编　　号	风险项	描　述	应 对 方 案
source	Int	Y	来源
secret	String	Y	加密串
appid	String	Y	微信
name	String	Y	会员姓名
sex	int	Y/N	1——男；2——女
mobile	String	Y/N	11 位手机号码
email	String	Y/N	邮箱
province	String	Y/N	省 id
city	String	Y/N	城市 id（如 050000）
identification	String	Y/N	身份证
address	String	Y/N	地址
birthday	y/n	Y/N	生日（如 1998-05-06）
openid	String	Y	openid
type	String	Y	fans 代表注册会员
field_id	String	Y/N	自定义字段（如 filed_97）

编　　号	风险项	描述	应 对 方 案
create_time	Int	N	创建时间
level_id	Int	N	会员等级
sn	String	N	会员卡号

注：Y/N——系统默认的字段，根据字段配置接口查看是否是必填项；field_id——id 是自定义字段的 id，value 也是对应的 id（参照字段配置接口的返回值），如 field_130＝120。

（3）输出参数：如表 2.2 所示。

表 2.2　测试风险表（输出参数）

编号	风险项	描　　述
code	Int	0——请求成功
		41009——无数据
		41017——缺少 openid 参数
		41018——缺少 mobile 参数
		41107——您的 openid 已经绑定其他会员了，不能再次进行绑定
		41110——姓名不能超过 10 个字
		41111——请输入姓名
		41112——请选择性别
		41113——请输入邮箱
		41114——邮箱格式不正确
		41115——请输入身份证
		41116——身份证有误
		41117——请选择出生日期
		41118——请选择省/市
		41119——请填写详细地址
		41120——请输入地址
		41121——地址不能超过 50 个字
		41122——请检查必填项
		41123——您的手机号码已领取过会员卡
		60007——添加失败
		80020—— mobile 参数有误
		80021——mobile 无效
		80026——该 openid 已经绑定其他员工了，不能再次进行绑定
		80032——该 openid 未关注公众号

编号	风险项	描　述
code	Int	80035——请输入手机号
		80024——会员功能未开通
		80028——会员升级员工失败
		80029——地区错误
		41012——缺少 source 参数
		41004——缺少 secret 参数
		—40001——source、secret 不合法
message	String	错误信息提示
data	Array	0——返回数据

（4）结果：以 JSON 方式呈现

```
{
        "code": 0,
        "message": "请求成功",
        "data": 会员 id
}


{
    "code": 41107,
    "message": "您的 openid 已经绑定其他会员了,不能再次进行绑定"
}
```

拓展：JSON 相关知识可参考 http://www.w3school.com.cn/json/index.asp；XML相关知识可参考 http://www.w3school.com.cn/xml/xml_intro.asp。

4）接口测试的关注点

通常从功能、逻辑业务、异常、安全等方面入手进行接口测试。下面介绍一款优秀的测试工具 Postman，它可以协助测试人员高效开展接口测试。

Postman 是一款功能强大的网页调试与 HTTP 网页请求发送工具，能提供强大的 WebAPI 与 HTTP 请求调试功能，既可以 Chrome 浏览器插件的形式存在，也以独立的应用程序的形式存在。Postman 简单易用、功能强大，仅通过填写 URL、Header、Body 等信息即可发送请求，有助于接口测试工作的开展及测试数据的提交。Postman 支持发送 GET、POST、PUT、DELETE 等任意类型的 HTTP 请求，请求头中可以附带任意数量的参数和HTTP Headers 信息，且接收到的响应支持 HTML、JSON、XML 等多种显示形式。此外，Postman 拥有集合功能，可以存储所有相同请求的 API，而且请求可以自动保存到历史记录中，有助于重新发送请求或进行批量请求的快速执行。

下面以利用 Postman 开展接口测试为例，介绍接口测试用例设计思路。

（1）功能用例设计。

① 验证功能是否正常的实例：如图2.3所示，选择POST接口方式，输入接口地址，单击Send按钮发送请求，进一步查看响应，验证是否与预期响应一致，一致则表明功能正常，否则表明功能异常。

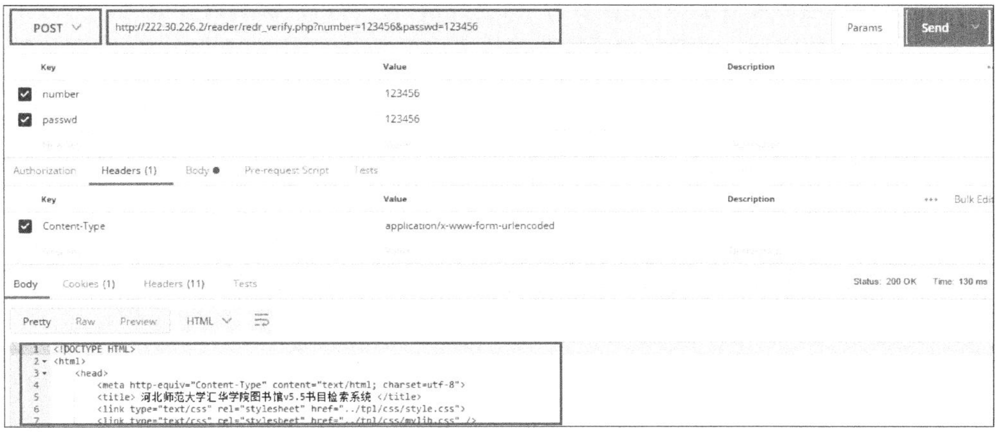

图2.3　验证功能是否正常的实例

② 验证功能是否参照接口文档实现的实例：选择POST接口方式，输入接口地址，单击Send按钮发送请求，进一步查看响应，验证是否与预期响应一致，一致则表明功能正常，否则表明功能异常。如果请求响应的返回值显示正常，且返回的数据结构正常，则能说明接口测试正常吗？不能，此时仍需要验证功能是否按照接口文档实现。例如，当前登录功能虽已实现，但是接口中有number和passwd两个参数，若参数错误写成了图2.4所示的username或password也是不允许的，因为开发人员写出的接口文档并非仅由其个人使用，其他相关开发人员均要参考，其他开发人员均有可能调用该参数，如果未参照接口文档进行传参，后续定会出问题，此处应严格按照接口文档进行测试。

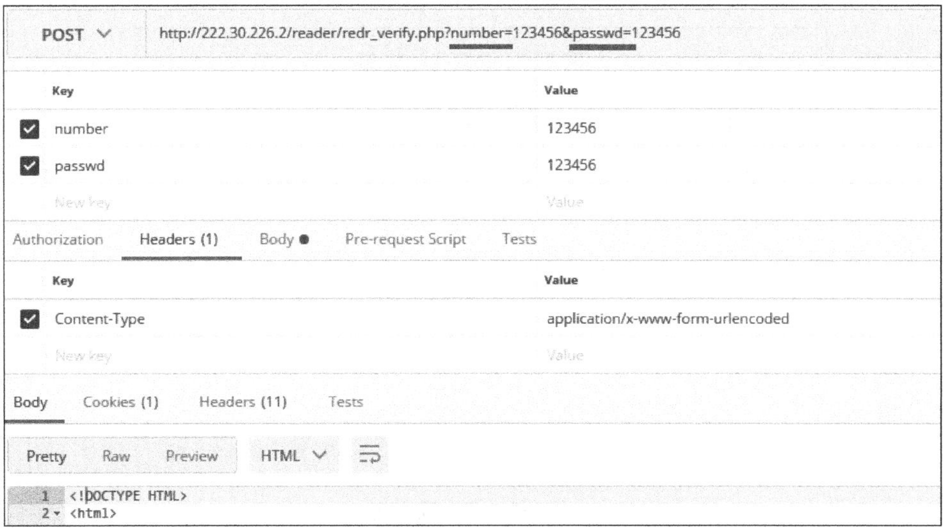

图2.4　验证功能是否参照接口文档实现的实例

（2）逻辑用例设计。该部分主要检查是否存在业务依赖，例如进行下单操作，往往要求事先已经登录，所以首先要检查 Header（Token 或 Cookies）等信息。如果登录未成功就去下单，此时应报错。

（3）异常用例设计。异常主要分为参数异常和数据异常两大类。

① 参数异常包括关键字参数、参数为空、多参数、少参数、错误参数等情况。

- 关键字参数实例：关键字主要指开发语言中的 Java、PHP、MySql、Html 等关键字，如果把"字段名"或"字段值"写成了关键字，应重点验证服务器端能否正常转码处理。例如，图 2.5 中把 passwd 错写为 echo（即 PHP 中的输出），单击 Send 按钮发送请求，进一步查看响应，响应显示"msg"："账户名不能为空"，此处也可不认定为缺陷，因为已进行了处理。

图 2.5　关键字参数实例

- 参数为空实例：如图 2.6 所示，把 echo 参数去掉，置成空，单击 Send 按钮，发送请求，进一步查看响应，响应显示"msg"："账户名不能为空"，此处也可不认定为缺陷，因为已进行了处理。

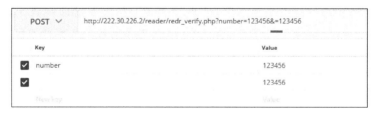

图 2.6　参数为空实例

- 多参数实例：如图 2.7 所示，增加参数 email＝123456@qq.com，单击 Send 按钮发送请求，进一步查看响应，响应显示"msg"："success"，此处认定为缺陷，应提交给开发处理。

POST ∨	http://222.30.226.2/reader/redr_verify.php?number=123456&passwd=123456&email=123456@qq.com	
Key		Value
☑ number		123456
☑ passwd		123456
☰ ☑ email		123456@qq.com

图 2.7　多参数实例

- 少参数实例：如图 2.8 所示，去掉参数 number＝123456，单击 Send 按钮发送请求，进一步查看响应，响应显示"msg"："账户名不能为空"，此处也可不认定为缺陷，因为已进行了处理。

图 2.8　少参数实例

- 错误参数实例：参照验证功能是否参照接口文档实现的实例，将参数 number 和 passwd 错误写成 username 或 password，单击 Send 按钮发送请求，进一步查看响应，响应显示"msg"："账户名不能为空"或"msg"："密码不能为空"，此处也可不认定为缺陷，因为已进行了处理。

② 数据异常包括关键字数据、数据为空、数据长度不一致、错误数据等情况。其中，数据为空又分为 NULL 和"不填写"两种情况。

- 关键字数据实例：与关键字参数实例相似，例如，如果将"字段值"写成了关键字，则应重点验证服务器端能否正常转码处理。

- 数据为空之 NULL 情况实例：如图 2.9 所示，将参数"number＝123456"改为"number＝NULL"，单击 Send 按钮发送请求，进一步查看响应，响应显示"msg"："用户不存在"，在此可不认定为缺陷，因为已进行了处理把 NULL 转义成了一个字符，因此这样提示也是正确的。

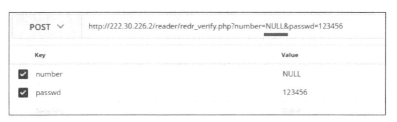

图 2.9　数据为空之 NULL 情况实例

- 数据为空之"不填写"情况实例：如图 2.10 所示，将参数"number＝123456"改为"number＝"，单击 Send 按钮发送请求，进一步查看响应，响应显示"msg"："账户名不能为空"，在此可不认定为缺陷，提示信息正常。

图 2.10　数据为空之"不填写"情况实例

- 数据长度不一致实例：不难理解，每个字段都有字段最大长度，如果超长了，则可能会报错，因此需要对字段长度进行验证。如图 2.11 所示，将参数"number＝"改为"number＝12345611111111111111111111111"，单击 Send 按钮发送请求，进一步查看响应，响应显示"msg"："用户不存在"，在此可不认定为缺陷，提示信息正常。当然，此处仍然进行了一次查询，在一定程度上也存在风险。

图 2.11　数据长度不一致实例

- 错误数据实例：随意输入一个数据，如图 2.12 所示，将参数 number 的值写为"number＝cuowushuju"，单击 Send 按钮发送请求，进一步查看响应，响应显示"msg：用户不存在"，在此可不认定为缺陷，提示信息正常。

POST ∨	http://222.30.226.2/reader/redr_verify.php?number=cuowushuju&passwd=123456	
Key		Value
☑ number		cuowushuju
☑ passwd		123456

图 2.12　错误数据实例

（4）安全性用例设计。安全测试包括 Cookie、Headers、唯一识别码等情况。例如，Cookie 主要在下单或者有一些逻辑依赖业务时使用，如果没有登录，直接调用下单接口进行下单操作，则不应该成功；如果成功了，则应该报错。

下面以 Headers 为例，介绍安全性用例的设计。如图 2.13 所示，当前接口地址是有 Headers 信息的，Headers 中带有 Cookie 等相关值信息。当 Headers 中带有 Cookies 值时，单击 Send 按钮发送请求，Postman 会返回从服务器端获取的数据。但是若删除 Headers 中的 Cookies 值，单击 Send 按钮发送请求，若仍会返回从服务器端获取的数据，则不正确，属于接口测试缺陷，需要提交给开发人员处理。

POST ∨	http://222.30.226.2/reader/redr_verify.php?number=123456&passwd=123456	
Key		Value
☑ number		123456
☑ passwd		123456
New Key		Value

Authorization	Headers (2)	Body ●	Pre-request Script	Tests

Key		Value
☰ ☑ Content-Type		application/x-www-form-urlencoded
☑ Cookie		PHPSESSID=4lnhj4tb4sc38gb39bmpvrv5h5

图 2.13　安全性用例设计实例

3．实验任务

任务 1：Postman 的安装

第 1 步，下载 Postman 测试工具安装程序。当前下载的 Postman 为桌面版本，其安装程序如图 2.14 所示。

第 2 步，以桌面版本为例，双击 Postman 安装程序，在桌面生成快捷方式图标（图 2.15），开始安装 Postman，如图 2.16 所示。

Postman-win64-5.0.2-Setup.
exe

图 2.14　安装程序

图 2.15　桌面快捷方式图标

图 2.16　开始安装 Postman

第 3 步，单击 Postman 桌面快捷方式图标，进入图 2.17 所示的 Postman 登录页面。

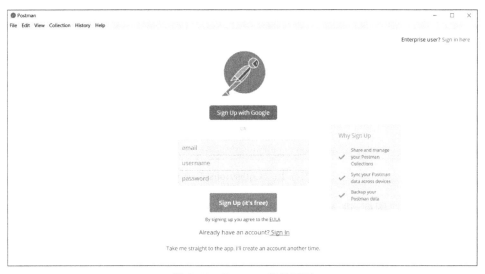

图 2.17　Postman 登录页面

第 4 步,该页面中可越过输入 email、username、password 的环节,直接进入 Postman 主界面,如图 2.18 所示。

图 2.18　Postman 主界面

任务 2：百度搜索接口的测试

第 1 步,如图 2.19 所示,切换至 Collections 选项卡。

图 2.19　Collections 选项卡

第 2 步,单击 图标,进入图 2.20 所示的 CREATE A NEW COLLECTION 对话框,在 Name 文本框中输入所创建集合的名称(例如"test1"),单击 Create 按钮,成功创建 test1集合,如图 2.21 所示。

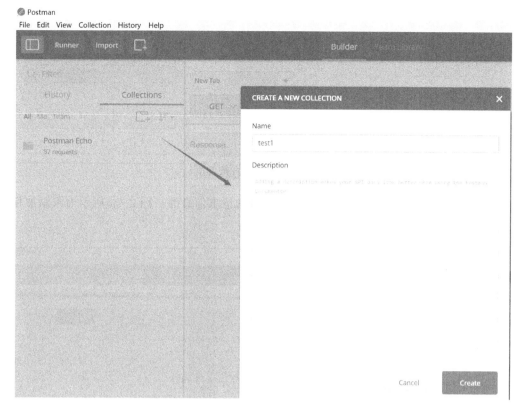

图 2.20 CREATE A NEW COLLECTION 对话框

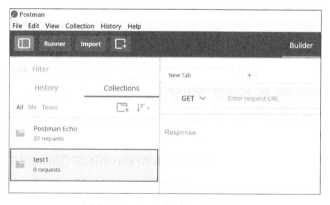

图 2.21 成功创建 test1 集合

第 3 步,将鼠标放置于 test1 上方,test1 右侧显示 ☆ 标识,如图 2.22 所示。单击 ☆ 标识,可将 test1 集合移动至所有集合的最上方,如图 2.23 所示。

图 2.22 test1 右侧显示标识

图 2.23   test1 集合被置顶

第 4 步,单击 test1 集合,可查看集合中存放的请求信息等。图 2.24 所示为未添加任何请求设置的情况。

图 2.24   查看集合中存放的请求信息

第 5 步,使用 Firefox 浏览器访问百度网站 https://www.baidu.com,在搜索栏中输入"hello",单击"百度一下"按钮,搜索结果如图 2.25 所示。

第 6 步,搜索页面的地址栏显示"https://www.baidu.com/s?ie=utf-8&f=3&rsv_bp=1&rsv_idx=1&tn=baidu&wd=hello&oq=hello&rsv_pq=f45b7ee100015bc6&rsv_t=cd95OoPeko4i0dWWAgESJF60HajUrCRiKAJx2tObRd9NEjDrajjb9NePeuo&rqlang=cn&rsv_enter=0&prefixsug=hello&rsp=3&rsv_sug=1"。可简单理解为"?"之后是一组一组的参数和参数值,多个参数之间用"&"连接。按键盘上的 F12 键,再单击网页上的"百度一下"按钮,请求重发,可显示请求与响应的详细信息,如图 2.26 所示。

第 7 步,在浏览器地址栏中输入"https://www.baidu.com/s?wd=hello",单击"百度一下"按钮,此时的搜索结果如图 2.27 所示,与图 2.25 所示搜索结果保持一致。

第 8 步,使用 Postman 进行请求模拟。在 Postman 主界面中输入"https://www.baidu.com/s?wd=hello",单击 Send 按钮,可查看获得的响应信息,如图 2.28 所示,发现响应信息很少。为什么在浏览器中进行页面访问时,在键盘上按 F12 键后查看到的响应信息很多,但是在 Postman 中进行请求模拟时响应信息却很少? 可通过分析得出原因,百度拒

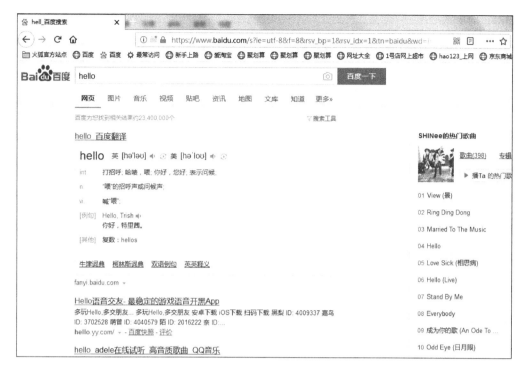

图 2.25　搜索结果 1

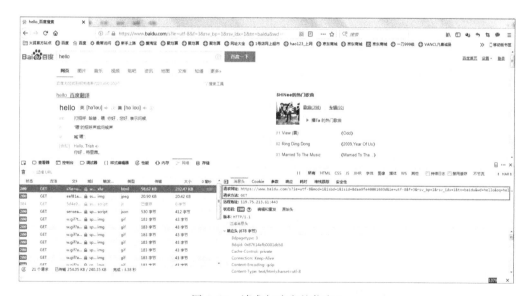

图 2.26　请求与响应的信息 1

绝被"挖",但是可以模拟。

第 9 步,在浏览器中进一步查看请求头信息,如图 2.29 所示。此处,信息均以"变量名：变量值"的形式呈现。

思考：为什么 Firefox 浏览器能够访问百度呢? 主要原因在于 useragent 字段的功能,Firefox 浏览器告知百度所基于的内核,所以百度能够识别。

图 2.27　搜索结果 2

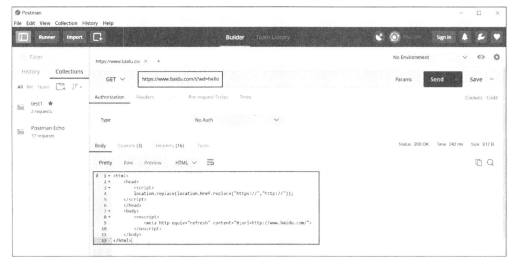

图 2.28　使用 Postman 进行请求模拟

　　下面介绍 Postman 模拟请求时,通过增加传入 Headers 值的方式进行信息告知。

　　第 10 步,在 Postman 中,切换至 Headers 标签页,如图 2.30 所示。

　　第 11 步,在 Headers 标签页下,增加浏览器请求中的部分请求头信息,如图 2.31 所示,在此仅模拟图中 4 项信息即可。值得提醒的是,可在浏览器中切换至"编辑和重发"页面,进行请求头信息的快速复制。

　　第 12 步,再次单击 Send 按钮,可看到本次模拟请求与响应的很多信息,如图 2.32 所示。

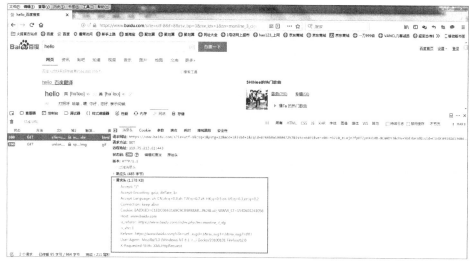

图 2.29　请求头信息

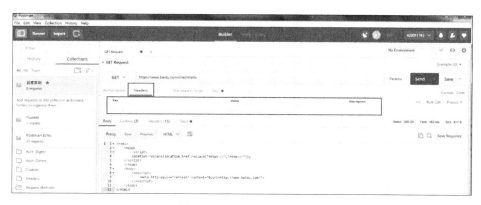

图 2.30　Headers 标签页

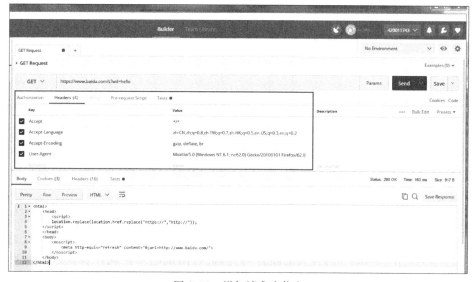

图 2.31　增加请求头信息

图 2.32 请求与响应的信息 2

第 13 步，切换到页面方式进行查看，如图 2.33 所示。

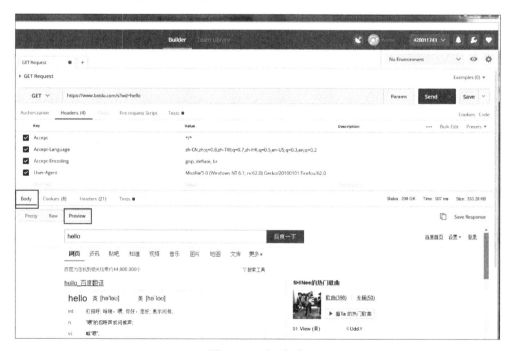

图 2.33 页面方式

第 14 步，应用 Postman 的强大的断言功能，进行测试结果正确性验证。切换到 Tests 标签页，如图 2.34 所示。

图 2.34　Tests 标签页

小知识：断言其实就是对预期结果与实际结果的判断，即如果"预期＝＝实际"，就通过；如果"预期！＝实际"，则失败。断言在请求返回之后执行，并根据断言的 PASS/FAIL 情况体现在最终测试结果中。Postman 的断言是使用 JavaScript 语言编写的，写在 Tests 标签页里，在 Sandbox 中运行。

第 15 步，删除显示区域的代码，如图 2.35 所示。页面右侧的列表框中列举了一些常用的代码片段以供使用，单击页面右侧列表框中的代码片段，页面左侧代码显示区域即可自动显示相应的代码。

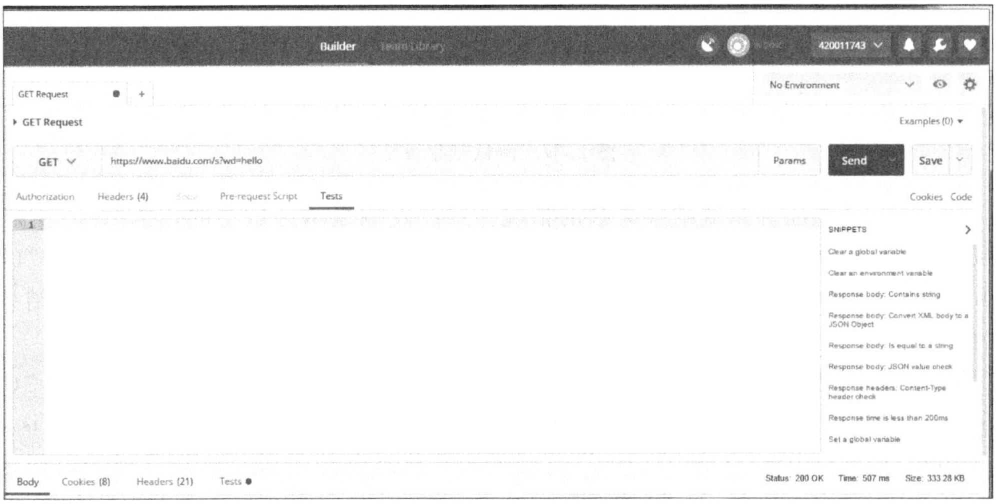

图 2.35　删除显示区域的代码

第16步,依据本任务中Body的响应信息,如图2.36所示,修改左侧显示区域中的代码"tests["Body matches string"]=responseBody.has("string_you_want_to_search");"为"tests["Body matches string"]=responseBody.has("hello");",表示验证响应结果中是否包含"hello",单击Send按钮,切换至Tests标签页,可查看测试结果显示为PASS,表示断言执行结果为通过,即当前测试结果成功,如图2.37所示。

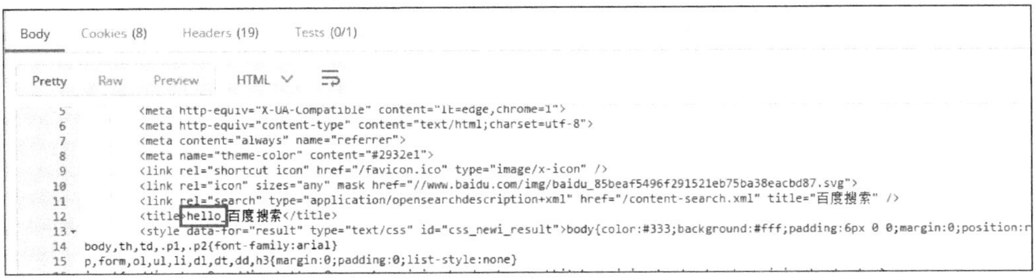

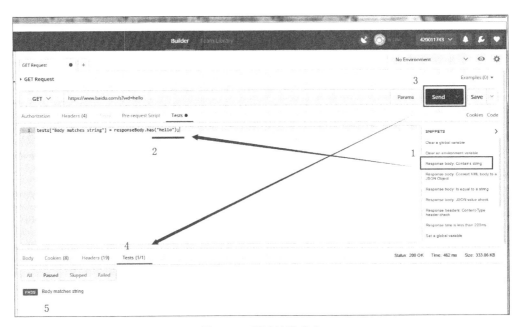

图2.36 Body的响应信息

图2.37 测试结果成功

第17步,体验断言测试结果失败的情况。修改左侧显示区域中的代码"tests["Body matches string"]=responseBody.has("string_you_want_to_search");"为"tests["Body matches string"]=responseBody.has("goodbye");",单击Send按钮,可查看测试结果显示为FAIL,表示当前测试结果失败,如图2.38所示。

第18步,体验其他断言测试方法的应用情况。单击右侧显示区中的代码"tests["Status code is 200"]=responseCode.code===200;"和"tests["Response time is less than 200ms"]=responseTime<200;",可验证响应状态码是否为200,以及响应时间是否小于200ms。单击Send按钮,可查看测试结果有两条,分别为PASS和FAIL,如图2.39所示。

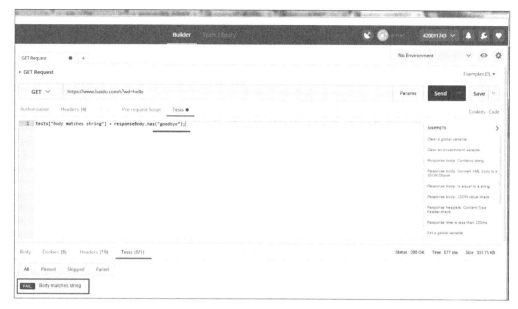

图 2.38　测试结果失败

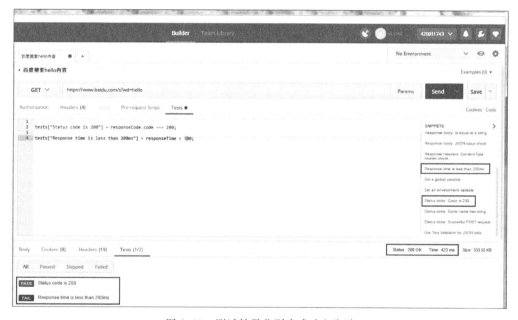

图 2.39　测试结果分别为成功和失败

至此,简单的百度接口测试就完成了。

第 19 步,单击 Save As 按钮保存测试记录,如图 2.40 所示。以后再进行百度接口测试无须再重复以上步骤,可在左侧收藏夹中直接打开。

第 20 步,在 SAVE REQUEST 对话框中设置 Request Name,并在 Save to existing collection/folder 中设置目标收藏夹,如图 2.41 所示。单击 Save 按钮即可成功保存测试记录至相应的收藏夹中,如图 2.42 所示。

Builder
Team Library
420011743
GET Request
No Environment
GET Request
Examples (0)
GET
https://www.baidu.com/s?wd=hello
Params
Send
Save
Save As...
Authorization
Headers (4)
Pre-request Script
Tests
tests["Body matches string"] = responseBody.has("hello");
SNIPPETS
Clear a global variable
Clear an environment variable
Response body: Contains string
Response body: Convert XML body to a JSON Object
Response body: Is equal to a string
Response body: JSON value check
Response headers: Content-Type header check
Response time is less than 200ms
Set a global variable
Body
Cookies (8)
Headers (19)
Tests (1/1)
Status: 200 OK
Time: 488 ms
Size: 333.61 KB
All
Passed
Skipped
Failed
PASS
Body matches string

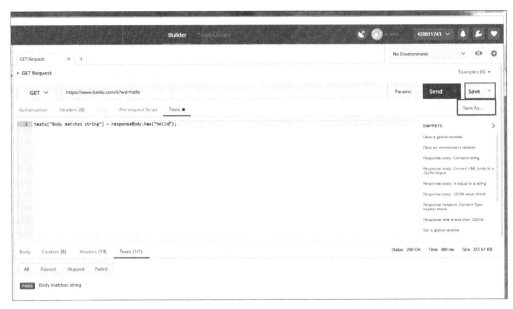

图 2.40　保存测试记录

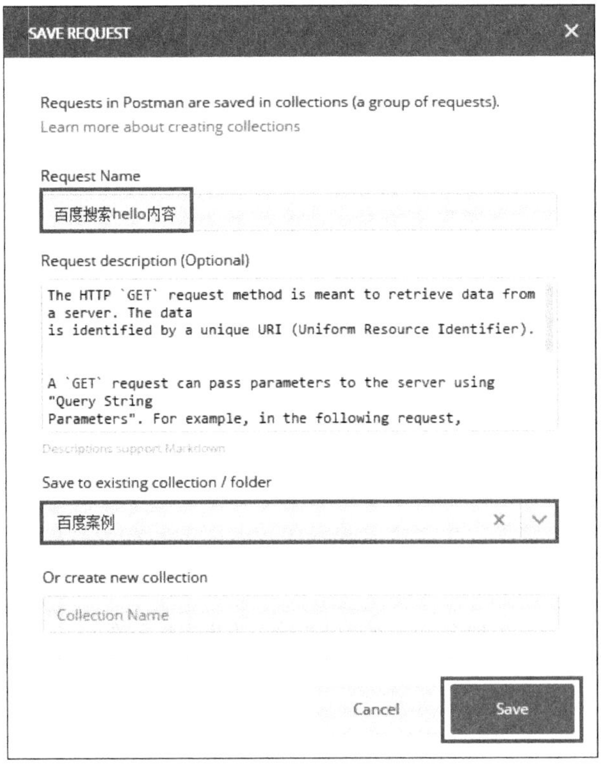

SAVE REQUEST
Requests in Postman are saved in collections (a group of requests).
Learn more about creating collections
Request Name
百度搜索hello内容
Request description (Optional)
The HTTP `GET` request method is meant to retrieve data from a server. The data
is identified by a unique URI (Uniform Resource Identifier).
A `GET` request can pass parameters to the server using "Query String
Parameters". For example, in the following request,
Descriptions support Markdown
Save to existing collection / folder
百度案例
Or create new collection
Collection Name
Cancel
Save

图 2.41　设置保存信息

第 21 步，下次再次执行该测试脚本时，可从相应的收藏夹中打开该请求，单击 Run 按钮即可，如图 2.43 所示。

图 2.42　成功保存测试记录

图 2.43　再次执行该测试脚本

第22步，单击 Runner 按钮，如图 2.44 所示，从相应的收藏夹中打开该请求，单击 Run 按钮即可运行，如图 2.45 所示。

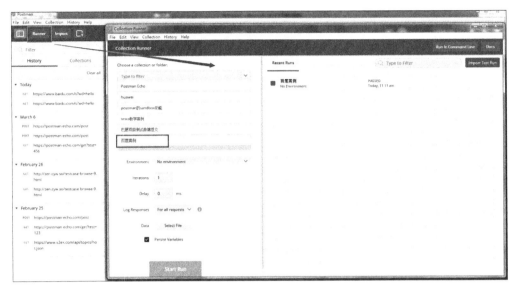

图 2.44　单击 Runner 按钮

图 2.45　运行脚本

任务 3：微信接口的测试——获取 access_token

日常工作中提到的调接口是怎样进行的呢？下面，一起来进行具体操作。

第 1 步，访问微信 API 文档地址 https://mp.weixin.qq.com/wiki，查看微信公众平台的技术文档，如图 2.46 所示。

第 2 步，选择"开始开发"|"接口测试号申请"菜单选项，右侧页面显示"接口测试号申请"相关信息，如图 2.47 所示。

第 3 步，单击"进入微信公众账号测试号申请系统"超链接，进入微信公众平台接口测试账号申请页面，如图 2.48 所示。

第 4 步，单击"登录"按钮，打开微信登录的二维码页面，使用手机端微信程序扫描二维码即可，扫描成功后如图 2.49 所示。

第 5 步，在公众平台测试账号系统页面（见图 2.50）中，单击"确认登录"按钮，则 PC 端浏览器中可呈现公众平台信息。

图 2.46 查看微信公众平台的技术文档

图 2.47 "接口测试号申请"相关信息

图 2.48 微信公众平台接口测试账号申请页面

图 2.49 二维码扫描成功　　　　　　　　图 2.50　公众平台测试账号系统页面

第 6 步，公众平台信息页面（见图 2.51）中提供了一些接口信息，以便进行访问和微信接口测试。值得注意的是，页面关闭后，仍可通过"开始开发"|"接口测试号申请"|"进入微信公众账号测试号申请系统"命令进入"测试号管理"页面。

图 2.51　公众平台信息页面

"测试号管理"页面中显示了测试号信息 appID 和 appsecret。在微信中，与微信公众号进行交互的信息来自哪里？信息是通过 appID 和 appsecret 与微信公众号进行交互的，appID 和 appsecret 相当于微信公众号的钥匙。appID 可以分为两部分：app 和 ID，app 意为手机应用程序软件，ID 意为编号、证件号码，两者放在一起意为手机应用程序软件编号。

appID 是接口参数,服务号和认证了的订阅号均可以获得,其主要的作用就是获得腾讯的高级接口。

第 7 步,选择"获取 access_token"菜单选项,如图 2.52 所示,可进一步理解获取 access_token 的意义。不难发现,access_token 的有效期为 2h,即 7200s 有效,如图 2.53 所示。

图 2.52　选择"获取 access_token"菜单选项

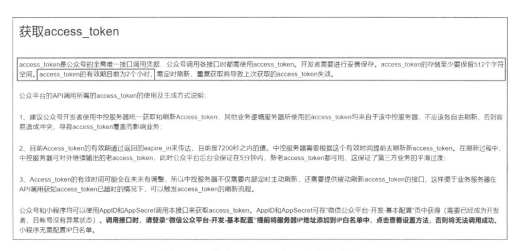

图 2.53　获取 access_token 的相关信息

第 8 步,如何获取 access_token 呢？如图 2.54 所示,大多数接口文档包含接口调用请求说明、参数说明等信息,其中接口调用请求说明的内容如图 2.55 所示。

第 9 步,复制图 2.55 中的接口地址信息 https://api.weixin.qq.com/cgi-bin/token? grant_type=client_credential&appid=APPID&secret=APPSECRET 至 Postman 中,如图 2.56 所示。

第 10 步,单击 Params 按钮,显示相关参数,如图 2.57 所示。

图 2.54 接口调用请求说明、参数说明等信息

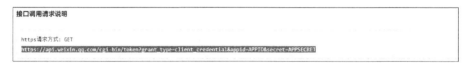

图 2.55 接口调用请求说明

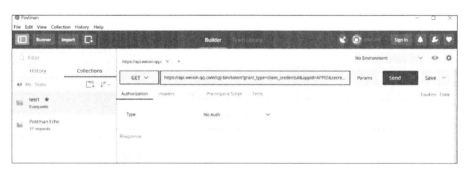

图 2.56 复制接口地址信息

图 2.57 显示相关参数

第 11 步,依据图 2.51 中的 appID 和 appsecret 内容,修改 Postman 中的相关参数值,如图 2.58 所示。

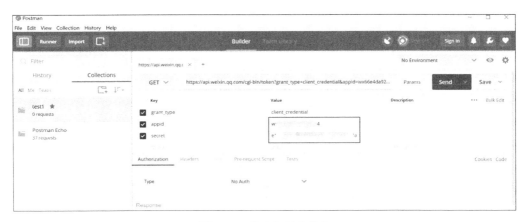

图 2.58　修改相关参数值

第 12 步,单击 Save 按钮,保存测试记录,打开 SAVE REQUEST 对话框,设置 Request Name,并在 Save to existing collection /folder 中设置目标收藏夹,如图 2.59 所示。单击 Save 按钮即可成功保存测试记录至相应收藏夹中,当下次再次执行该测试脚本时,从相应的收藏夹中打开该请求,单击 Run 按钮即可。

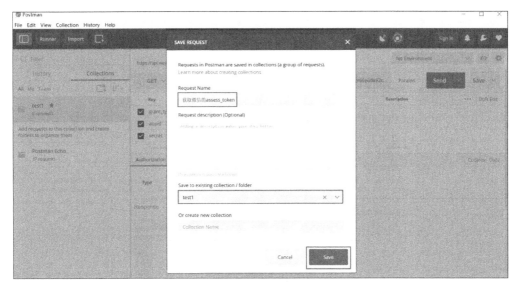

图 2.59　保存测试记录

第 13 步,在图 2.58 所示页面中单击 Send 按钮,可查看测试结果,如图 2.60 所示。值得注意的是,可以单击 Params 来隐藏参数区域。此时,已经获取了 access_token,接下来可进行微信其他接口的调试了。

任务 4：微信接口的测试——群发消息接口

下面以微信的群发消息接口测试为例,进一步讲解 Postman 的应用。

图 2.60　测试结果

第 1 步,访问 https://mp.weixin.qq.com/wiki,在搜索框中输入"群发消息"进行查找,查找结果如图 2.61 所示。

图 2.61　"群发消息"查找结果

第 2 步,以图 2.62 所示的群发接口为例,复制接口调用请求说明中的接口地址信息,在Postman 中进行请求模拟。

第 3 步,在 Postman 的右侧显示区中单击"＋"按钮新建一个窗口,如图 2.63 所示。

第 4 步,将接口调用请求说明中的接口地址信息复制到接口地址栏,并设置请求类型为POST,如图 2.64 所示。

根据标签进行群发【订阅号与服务号认证后均可用】

接口调用请求说明

http请求方式：POST
https://api.weixin.qq.com/cgi-bin/message/mass/sendall?access_token=ACCESS_TOKEN

POST数据说明

POST数据示例如下：

图文消息（注意图文消息的media_id需要通过上述方法来得到）：

```
{
    "filter":{
        "is_to_all":false,
        "tag_id":2
    },
    "mpnews":{
        "media_id":"123dsdajkasd231jhksad"
    },
    "msgtype":"mpnews",
    "send_ignore_reprint":0
}
```

文本：

```
{
    "filter":{
        "is_to_all":false,
        "tag_id":2
    },
```

图 2.62　群发接口详情

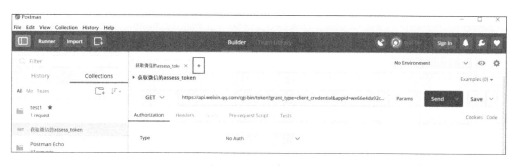

图 2.63　新建窗口

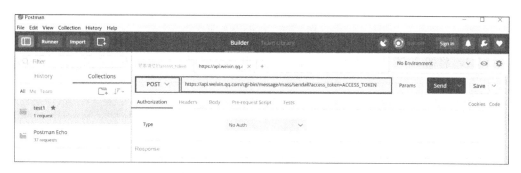

图 2.64　Postman 中填写请求信息

第 5 步，群发消息接口可以发送多种消息类型，在此以文本消息为例进行测试，如图 2.65 所示。

第 6 步，由于文本消息的内容显示为 JSON 串，因此需要在 Postman 中进行设置。选择 Body 标签页下的 raw 类型，并将 Text 切换为 JSON（application/json），如图 2.66 所示。

图 2.65 文本消息类型

图 2.66 Body 标签页

第 7 步，将图 2.65 中文本消息类型的说明内容复制到 Postman 中，如图 2.67 所示。

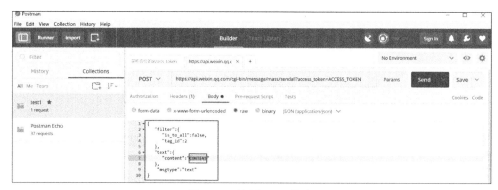

图 2.67 填写 Body 信息

第 8 步,将"content"的字段值改为"群发消息 demo 案例",如图 2.68 所示。

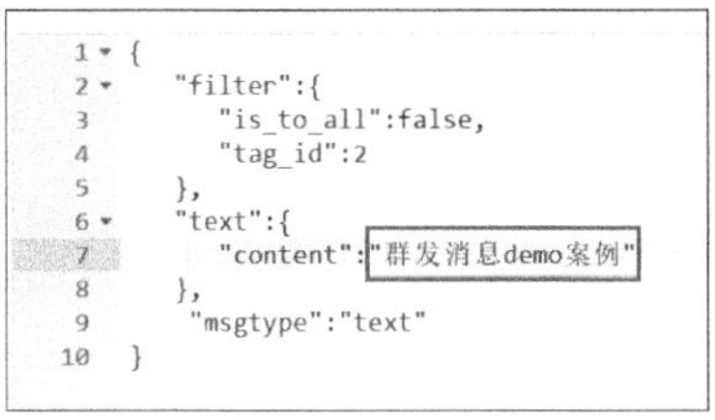

```
1 ▼ {
2 ▼    "filter":{
3          "is_to_all":false,
4          "tag_id":2
5      },
6 ▼    "text":{
7          "content":"群发消息demo案例"
8      },
9      "msgtype":"text"
10  }
```

图 2.68 修改字段内容

第 9 步,返回微信接口说明页面,查看参数说明,如图 2.69 所示。

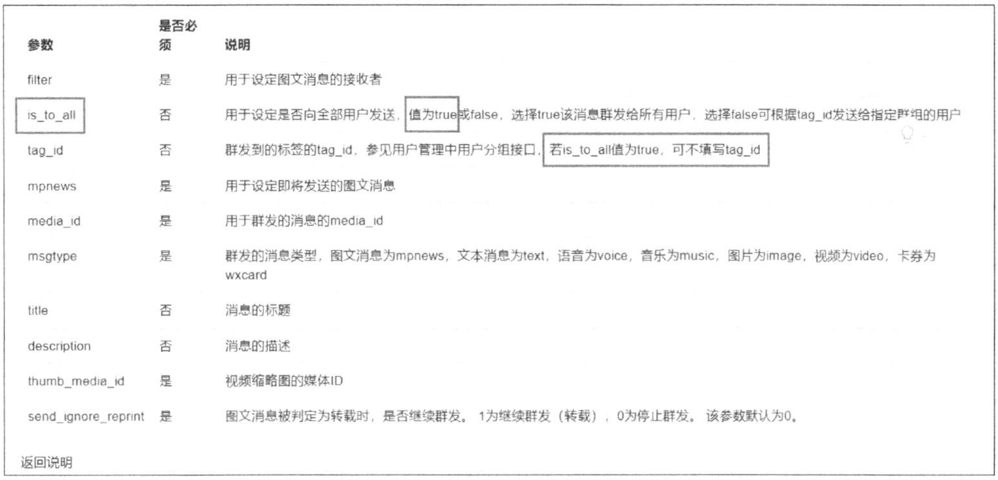

参数	是否必须	说明
filter	是	用于设定图文消息的接收者
is_to_all	否	用于设定是否向全部用户发送,值为true或false,选择true该消息群发给所有用户,选择false可根据tag_id发送给指定群组的用户
tag_id	否	群发到的标签的tag_id,参见用户管理中用户分组接口,若is_to_all值为true,可不填写tag_id
mpnews	是	用于设定即将发送的图文消息
media_id	是	用于群发的消息的media_id
msgtype	是	群发的消息类型,图文消息为mpnews,文本消息为text,语音为voice,音乐为music,图片为image,视频为video,卡券为wxcard
title	否	消息的标题
description	否	消息的描述
thumb_media_id	是	视频缩略图的媒体ID
send_ignore_reprint	是	图文消息被判定为转载时,是否继续群发。1为继续群发(转载),0为停止群发。该参数默认为0。

返回说明

图 2.69 参数说明

第 10 步,将"is_to_all"的字段值由 false 改为 true,如图 2.70 和图 2.71 所示。

```
1 ▼ {
2 ▼    "filter":{
3          "is_to_all":false,
4          "tag_id":2
5      },
6 ▼    "text":{
7          "content":"群发消息demo案例"
8      },
9      "msgtype":"text"
10  }
```

图 2.70 源程序

```
1 ▼ {
2 ▼    "filter":{
3          "is_to_all":true
4      },
5 ▼    "text":{
6          "content":"群发消息demo案例"
7      },
8      "msgtype":"text"
9  }
```

图 2.71 修改后的程序

第 11 步,再次选择"开始开发"|"接口测试号申请"|"进入微信公众账号测试号申请系统",进入"测试号管理"页面,用移动设备扫描图 2.72 所示测试号二维码后,移动设备将呈现图 2.73 所示的页面,提示关注公众号。

第 12 步,点击"关注公众号"后,PC 端浏览器中显示图 2.74 所示用户列表。

第 13 步,转入 Postman 中,单击 Send 按钮,进行请求发送,如图 2.75 所示。

经分析,返回的响应信息显示"信息无效",经思考得知,上述请求中的错误出现在"access_token=ACCESS_TOKEN"中,如图 2.76 所示,access_token 是唯一与微信进行通信的通道。

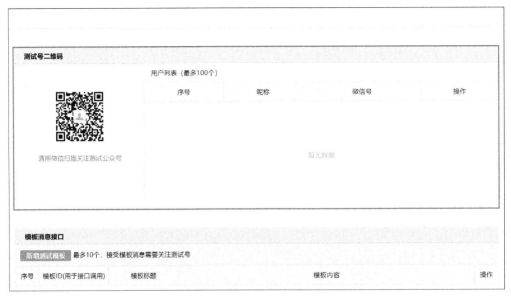

图 2.72　扫描二维码

图 2.73　提示关注公众号

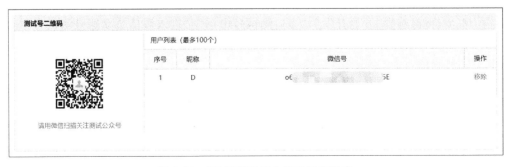

图 2.74　PC 端浏览器中显示用户列表

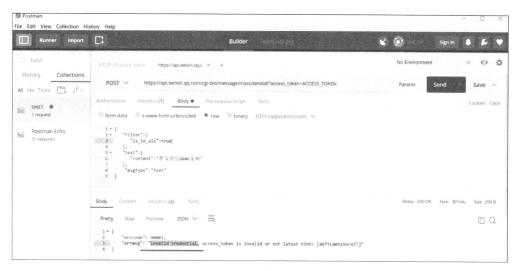

图 2.75　请求发送

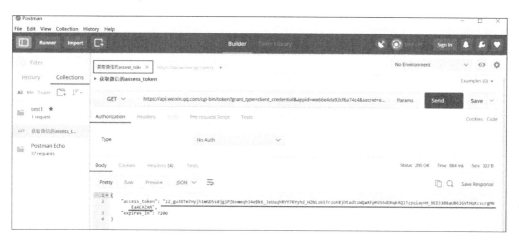

图 2.76　分析出错原因

需要将图 2.77 所示的"获取微信的 access_token"中获取到的 access_token 值替换为图 2.75 中所示的 access_token 值。

图 2.77　获取微信的 access_token

第 14 步,将"12_gu3XTm7Hyjh1mGDSs8jg1PZ6nmeqh34eBk6_JeUuqhRYY7RYyhd_HZNLz6STrzoK8jOtadtzWQaXFpM3SSdONqKRQ1TzpqiayHH_BED3388aUB6iGVtHqKcscrgMNEaACAZAR"复制到图 2.78 所示的区域中。此时,Postman 地址栏中显示修改后的新内容,如图 2.79 所示。

第 15 步,单击 Send 按钮,查看执行成功的结果,如图 2.80 所示。

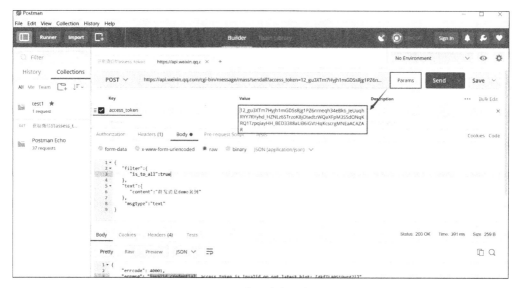

图 2.78　修改参数值信息

图 2.79　修改后的新内容

图 2.80　执行成功的结果

第 16 步，目前请求已经发送成功，接下来打开个人微信，公众号并没有群发消息，此处通过上述接口测试操作完成了公众号群发消息的操作，如图 2.81 所示。

图 2.81　接口测试完成

第 17 步，保存测试记录。单击 Save 按钮打开 SAVE REQUEST 对话框，设置 Request Name，并在 Save to existing collection /folder 中设置目标收藏夹，如图 2.82 所示，单击 Save 按钮即可成功保存测试记录至相应收藏夹中。

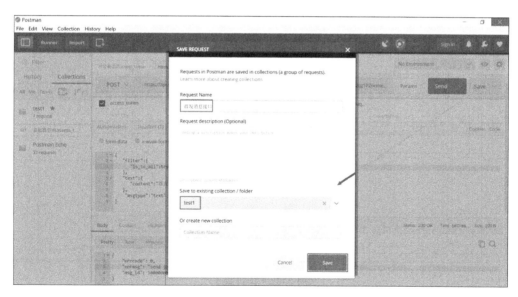

图 2.82　保存测试记录

第 18 步，版本迭代后，无须执行单个脚本，可进行统一批量执行。首先验证接口是否可调通，在图 2.83 所示的收藏夹记录中选择 test1，在弹出的页面中单击 Run 按钮执行脚本，如图 2.84 所示。

图 2.83　收藏夹中的记录

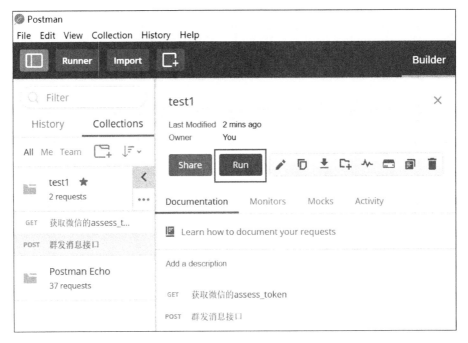

图 2.84　执行脚本

第 19 步,打开 Collection Runner 页面,如图 2.85 所示,单击 Start Run 按钮批量执行脚本,批量执行结果如图 2.86 所示。

大家可自行在上述两个脚本中添加断言,以更加明确地呈现脚本执行状态。

此接口测试均通过之后,可再进一步开展功能测试。

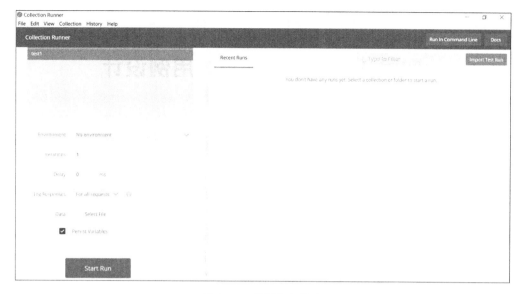

图 2.85　批量执行脚本

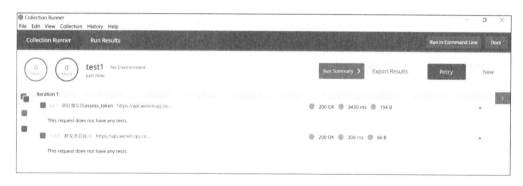

图 2.86　批量执行结果

4. 拓展练习

（1）使用 Postman 进行除文本消息类型以外的其他消息类型的微信群发消息接口的调用。

（2）使用 Postman 进行"接收普通消息接口"及其他类型接口的调用。

实验 3　逻辑覆盖测试用例设计

1. 实验目标

- 能够依据程序画出程序流程图。
- 理解常用覆盖方法的内涵。
- 理解常用覆盖方法的强弱关系。
- 能够使用常用覆盖方法设计测试用例。

2. 背景知识

白盒测试通常采用静态测试方法和动态测试方法开展。动态测试是参照系统需求或测试规则,通过预先设计一组测试输入,并借助此输入动态运行程序,从而达到发现程序错误的过程。

覆盖测试是动态测试中的一类有效测试方法,主要包括逻辑覆盖、基本路径测试等。其中,逻辑覆盖基于程序内部的逻辑结构,通过对程序逻辑结构的遍历实现程序的覆盖。依据覆盖源程序结构的详尽程度,可分为语句覆盖、判定覆盖、条件覆盖、条件判定覆盖、条件组合覆盖和路径覆盖 6 种类型,具体介绍如下。

1) 语句覆盖

(1) 语句覆盖是一类比较弱的测试标准,具体是指选择足够的测试用例,使程序中的每个语句至少都能被执行一次。

(2) 局限性:测试不充分,对程序执行逻辑的覆盖率较低,属于最弱的覆盖方式。

2) 判定覆盖

(1) 判定覆盖又称分支覆盖,是比语句覆盖稍强的一类测试标准,具体是指选择足够的测试用例,使程序中的各个判定获得每一种可能的结果至少一次,也就是说,使各个判定的每个分支至少都被执行一次。

(2) 局限性:测试不充分,仅对整个判定的最终取值进行各方面的度量,但判定内部每一个子表达式的取值未被考虑。

3) 条件覆盖

(1) 条件覆盖是比判定覆盖更强的一类测试标准,具体是指选择足够的测试用例,使程序各判定中的每个条件获得各种可能的取值。

(2) 局限性:测试不充分,虽弥补了判定覆盖的漏洞,对判定内部每一个子表达式的取值进行了度量,但条件覆盖并不能满足判定覆盖。

4) 条件判定覆盖

(1) 条件判定覆盖综合了判定覆盖和条件覆盖特点,是比条件覆盖更强的一类测试标准,具体是指选择足够的测试用例,使程序中各判定的每个分支至少都被执行一次,且使各判定中的每个条件获得各种可能的取值。

(2) 局限性:测试不充分,未考虑单个判定对整体程序的影响,对程序执行逻辑的覆盖率较低。

5）条件组合覆盖

（1）条件组合覆盖是指选择足够的测试用例,使判定中条件的各种组合都至少被执行一次。

（2）局限性:测试不充分,某些情况下可遗漏覆盖部分路径,且组合数量相对较大,往往花费较多的时间。

6）路径覆盖

（1）路径覆盖是相当强的一类覆盖标准,具体是指设计足够多的测试用例,使程序中所有可能的路径被执行一次。

（2）局限性:测试不充分,测试所需用例数量相对较大,使工作量呈指数级增长。

值得提醒的是,软件评测师考试中,逻辑覆盖相关知识点往往占据一定的分值,题型多为采用6种覆盖方式进行测试用例的设计和依据各类覆盖的强弱关系进行语句判断。

因此,针对各类覆盖的强弱关系,总结如下。

（1）满足条件组合覆盖的测试用例一定满足语句覆盖、判定覆盖、条件覆盖和条件判定覆盖。

（2）满足条件判定覆盖的测试用例一定满足语句覆盖、条件覆盖和判定覆盖。

（3）满足判定覆盖的测试用例一定满足语句覆盖。

（4）满足条件覆盖的测试用例不一定满足语句覆盖及判定覆盖。

综上所述,各类覆盖均不是十全十美的,仅使用一种覆盖往往会导致测试片面、不充分,实际测试工作中通常会综合采用多种覆盖。例如,测试通过准则可能会要求语句覆盖达到100％、判定覆盖达到90％等。

下面通过两个任务从实践角度介绍6种逻辑覆盖方法的应用。

3. 实验任务

任务1：针对源程序1采用6种逻辑覆盖方法设计测试用例

源程序1:

```
#include< stdio.h>
void main()
{
    float A,B,X;
     scanf("%f%f% f",&A,&B,&X);
    if((A>1)&&(B==0))
        X=X/A;
    if((A==2)||(X>1))
        X=X+1;
    printf("% f",X);
}
```

测试用例设计:

第1步,绘制程序流程图,如图3.1所示。

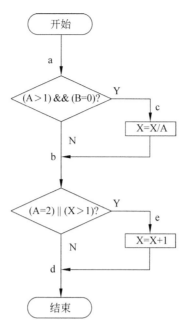

图 3.1　程序流程图（任务 1）

第 2 步，设计测试用例满足语句覆盖，如表 3.1 所示。

表 3.1　语句覆盖测试用例（任务 1）

用例编号	测试用例	覆盖路径
1	A＝2,B＝0,X＝3	a—c—e

第 3 步，设计测试用例满足判定覆盖，如表 3.2 所示。其中，if((A＞1)＆＆(B＝＝0))、if((A＝＝2)||(X＞1))为源程序中的两个判定。在此，考虑两个判定的每个分支被执行一次即可。

表 3.2　判定覆盖测试用例（任务 1）

用例编号	测试用例	覆盖路径
1	A＝3,B＝0,X＝1	a—c—d
2	A＝2,B＝1,X＝3	a—b—e

第 4 步，设计测试用例满足条件覆盖，如表 3.3 所示。其中，if((A＞1)＆＆(B＝＝0))、if((A＝＝2)||(X＞1))为源程序中的两个判定，而(A＞1)、(B＝＝0)、(A＝＝2)和(X＞1)为两个判定中的 4 个条件。在此，考虑(A＞1)、(A＜＝1)、(B＝＝0)、(B!＝0)、(A＝＝2)、(A!＝2)、(X＞1)和(X＜＝1)8 种取值均被执行一次即可。

表 3.3　条件覆盖测试用例（任务 1）

用例编号	测试用例	覆盖条件
1	A＝2,B＝1,X＝4	(A＞1)、(B!＝0)、(A＝＝2)、(X＞1)
2	A＝－1,B＝0,X＝1	(A＜＝1)、(B＝＝0)、(A!＝2)、(X＜＝1)

第5步,设计测试用例满足条件判定覆盖,如表3.4所示。在此,需同时满足条件覆盖和判定覆盖的要求。

表 3.4　条件判定覆盖测试用例(任务 1)

用例编号	测试用例	覆盖路径	覆盖条件
1	A＝2,B＝0,X＝4	a—c—e	(A＞1)、(B＝＝0)、(A＝＝2)、(X＞1)
2	A＝1,B＝1,X＝1	a—b—d	(A＜＝1)、(B!＝0)、(A!＝2)、(X＜＝1)

第6步,设计测试用例满足条件组合覆盖,如表3.5所示。其中,if((A＞1)＆＆(B＝＝0))、if((A＝＝2)||(X＞1))为源程序中的两个判定。在此,考虑((A＞1)＆＆(B＝＝0))、((A＞1)＆＆(B!＝0))、((A＜＝1)＆＆(B＝＝0))、((A＜＝1)＆＆(B!＝0))、((A＝＝2)||(X＞1))、((A＝＝2)||(X＜＝1))、((A!＝2)||(X＞1))及((A!＝2)||(X＜＝1))8种组合情况均被执行一次即可。

表 3.5　条件组合覆盖测试用例(任务 1)

用例编号	测试用例	覆盖条件组合
1	A＝2,B＝0,X＝4	((A＞1)＆＆(B＝＝0))、((A＝＝2)||(X＞1))
2	A＝2,B＝1,X＝1	((A＞1)＆＆(B!＝0))、((A＝＝2)||(X＜＝1))
3	A＝1,B＝0,X＝2	((A＜＝1)＆＆(B＝＝0))、((A!＝2)||(X＞1))
4	A＝1,B＝1,X＝1	((A＜＝1)＆＆(B!＝0))、((A!＝2)||(X＜＝1))

注意:条件组合仅仅针对同一个判定语句内存在多个条件的情况,此情况下,将这些条件的取值进行笛卡尔乘积组合即可。也就是说,对于不同的判定无须考虑条件组合,以及对于单条件的判断语句仅需要满足自身所有取值即可。

该注意同样适用于任务2,不再赘述。

第7步,设计测试用例满足路径覆盖,如表3.6所示。在此,需满足程序中所有可能的路径被执行一次的要求。

表 3.6　路径覆盖测试用例(任务 1)

用例编号	测试用例	覆盖路径
1	A＝1,B＝1,X＝1	a—b—d
2	A＝1,B＝1,X＝2	a—b—e
3	A＝3,B＝0,X＝1	a—c—d
4	A＝2,B＝0,X＝4	a—c—e

注意:实际设计出的覆盖路径及输入数据如果与上述设计不尽相同,则并非一定有误。例如在判定覆盖中,可选择 a—c—e 路径和 a—b—d 路径的组合,也可选择 a—c—d 路径和 a—b—e 路径的组合,均满足判定覆盖的要求。因此,本任务的操作步骤及用例仅供参考。

任务 2：针对源程序 2 采用 6 种逻辑覆盖方法设计测试用例

源程序 2：

```
int testing(int x, int y)
{
    int software=0;
    if((x>0) && (y>0))
    {
        software=x+y+10;
    }
    else
    {
        software=x+y-10;
    }
    if(software<0)
    {
        software=0;
    }
        return software;
}
```

第 1 步，绘制程序流程图，如图 3.2 所示。

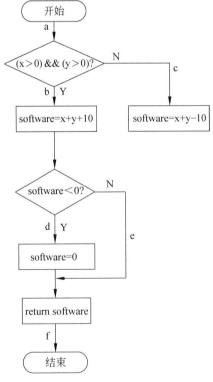

图 3.2　程序流程图(任务 2)

第 2 步,设计测试用例满足语句覆盖,如表 3.7 所示。

表 3.7　语句覆盖测试用例(任务 2)

用例编号	测试用例	覆盖路径
1	x=3,y=3	a—b—e—f
2	x=-3,y=0	a—c—d—f

第 3 步,设计测试用例满足判定覆盖,如表 3.8 所示。其中,if((x>0)&&(y>0))、if(software<0)为源程序中的两个判定。在此,考虑两个判定的每个分支被执行一次即可。

表 3.8　判定覆盖测试用例(任务 2)

用例编号	测试用例	覆盖路径
1	x=3,y=3	a—b—e—f
2	x=-3,y=0	a—c—d—f

第 4 步,设计测试用例满足条件覆盖,如表 3.9 所示。其中,if((x>0)&&(y>0))、if(software<0)为源程序中的两个判定,而 x>0、y>0 和 software<0 为两个判定中的 3 个条件。在此,考虑(x>0)、(x<=0)、(y>0)、(y<=0)、(software<0)和(software>=0) 6 种取值均被执行一次即可。

表 3.9　条件覆盖测试用例(任务 2)

用例编号	测试用例	覆盖路径
1	x=3,y=3	a—b—e—f
2	x=-3,y=0	a—c—d—f

第 5 步,设计测试用例满足条件判定覆盖,如表 3.10 所示。在此,需同时满足条件覆盖和判定覆盖的要求。

表 3.10　条件判定覆盖测试用例(任务 2)

用例编号	测试用例	覆盖路径
1	x=3,y=3	a—b—e—f
2	x=-3,y=0	a—c—d—f

第 6 步,设计测试用例满足条件组合覆盖,如表 3.11 所示。其中,if((x>0)&&(y>0))、if(software<0)为源程序中的两个判定。在此,考虑((x>0)&&(y>0))、((x>0) &&(y<=0))、((x<=0)&&(y>0))、((x<=0)&&(y<=0))4 种情况,以及(software<0)和(software>=0)两种取值均被执行一次即可。

表 3.11　条件组合覆盖测试用例(任务 2)

用例编号	测试用例	覆盖路径
1	x=-3,y=0	a—c—d—f
2	x=-3,y=2	a—c—d—f

用例编号	测试用例	覆盖路径
3	x=−3,y=0	a—c—d—f
4	x=3,y=3	a—b—e—f

第7步,设计测试用例满足路径覆盖,如表 3.12 所示。在此,需满足程序中所有可能的路径被执行一次的要求。

表 3.12 路径覆盖测试用例(任务 2)

用例编号	测试用例	覆盖路径
1	x=3,y=5	a—b—e—f
2	x=0,y=12	a—c—e—f
3	该路径不可能	a—b—d—f
4	x=−8,y=3	a—c—d—f

同任务 1 中的介绍,也可设计不同于上述覆盖路径及输入数据的测试用例。上述操作步骤及用例仅供参考。

4. 拓展练习

(1) 依据源程序绘制程序流程图,并采用 6 种覆盖方式(语句覆盖、判定覆盖、条件覆盖、条件判定覆盖、条件组合覆盖及路径覆盖)进行白盒测试用例设计。

源程序:

```
int Test(int i_count, int i_flag)
{
    int i_temp=1;
    while(i_count>0)
    {
        if(0==i_flag)
        {
            i_temp=i_count+100;
            break;
        }
        else
        {
            if(1==i_flag)
            {
                i_temp=i_temp * 10;
            }
            else
            {
                i_temp=i_temp * 20;
            }
```

```
        }
        i_count--;
    }
    return i_temp;
}
```

（2）依据源程序绘制程序流程图，并采用 6 种覆盖方式（语句覆盖、判定覆盖、条件覆盖、条件判定覆盖、条件组合覆盖及路径覆盖）进行白盒测试用例设计。

源程序：

```
int _tmain(int argc, _TCHAR * argv[])
{
    int x,y;
    scanf("%d%d",&x,&y);
    if(x>0 && y>0)
    {
        int i=1;
        if(x>y)
        {
            while((x * i)%y !=0)
            i++;
            printf("%d\n",x * i);
        }
        else
        {
            while((y * i)%x !=0)
                i++;
            printf("%d\n",y * i);
        }
    }
    return 0;
}
```

实验 4 基本路径测试用例设计

1. 实验目标

- 理解控制流图,并掌握控制流程图的画法。
- 掌握程序环路复杂度的计算方法。
- 能够快速找出程序中的基本路径。
- 能够使用基本路径测试法设计测试用例。

2. 背景知识

覆盖测试是动态测试中的一类有效测试方法,除逻辑覆盖测试法之外,基本路径测试法在覆盖测试中也占有极其重要的地位。

基本路径测试法是在程序控制流图的基础上,通过计算程序环路复杂度,找出基本路径的集合,然后据此设计测试用例。其中,设计出的测试用例需确保源程序的每个可执行语句至少执行一次。

基本路径测试法的定义说明了该测试法的操作步骤。为加深对基本路径测试法的理解,下面依据基本路径测试法的操作步骤,依次介绍定义中涉及的知识点。

1) 依据源程序画出控制流图

什么是控制流图? 控制流图是描述程序控制流的一种图示方法,通常由"○"及"→"两种图形符号构成。其中,"○"称为控制流图的结点,代表一条或多条语句;"→"称为边或连接,代表控制流的走向;"○"和"→"圈定的空间称为区域,当对区域计数时,图形外的区域也应记为一个区域。

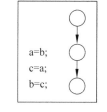

图 4.1 顺序结构

常见的控制流基本结构包括顺序结构、选择结构、while 循环结构及 case 多分支结构等。这 4 种结构的程序示例及控制流程图分别如图 4.1～4.4 所示。

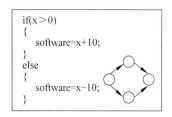

图 4.2 选择结构

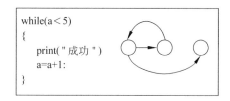

图 4.3 while 循环结构

可依据源程序直接绘制程序控制流图,也可依据已有的程序流程图绘制对应的控制流图。值得提醒的是,程序流程图的判定中,条件表达式若为 or、and 等逻辑运算符连接而成的复合条件表达式,则将程序流程图转换为控制流图时,需将复合条件的判定拆分为一系列仅有单个条件的嵌套的判定,如图 4.5 所示。

```
switch(Teacher[i].TeacherEducation)
{
    case 1:
        printf("教育背景：高中\n");
        break;
    case 2:
        printf("教育背景：学士\n");
        break;
    default:
        printf("教育背景：硕士\n");
        break;
}
```

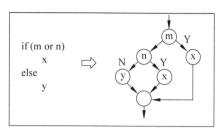

图 4.4　case 多分支结构　　　　　　　　图 4.5　复合条件判定的拆分

2）依据画出的控制流图计算程序环路复杂度

什么是程序环路复杂度？程序环路复杂度即圈复杂度，它是一种判定程序逻辑复杂性的定量度量方式，常用于计算程序的基本独立路径数。程序环路复杂度的具体计算方式有如下 3 种。

前提说明：控制流图 G 的程序环路复杂度为 V(G)，边的数量为 E，结点的数量为 N，判定结点的数量（即分支结点的数量）为 P。

计算方式 1：V(G)＝E－N＋2；

计算方式 2：V(G)＝P＋1；

计算方式 3：V(G)＝G 中区域的数量。

以图 4.6 所示控制流图为例，计算程序环路复杂度如下。

计算方式 1：V(G)＝E－N＋2＝16－12＋2＝6。

计算方式 2：V(G)＝P＋1＝5＋1＝6，其中结点 2、3、5、6、9 为判定结点。

计算方式 3：V(G)＝G 中区域的数量＝6。

3）找出控制流图中的各条独立路径

什么是独立路径？独立路径是指从程序的开始至结束的多次执行中，每次至少引入一条新的、尚未执行过的语句，即每次至少要经历一条从未走过的弧。上述得出的 V(G)值恰恰等于程序的独立路径条数。例如，图 4.6 中的独立路径条数为 6，具体路径如下。

路径 1：1—2—9—10—12。

路径 2：1—2—9—11—12。

路径 3：1—2—3—9—10—12。

路径 4：1—2—3—4—5—8—2……

路径 5：1—2—3—4—5—6—8—2……

路径 6：1—2—3—4—5—6—7—8—2……

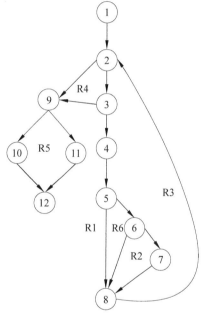

图 4.6　控制流图示例

4) 设计覆盖各条独立路径的测试用例,并将预期结果汇总成表格

此步骤中,仅需结合找出的基本路径,分别设计覆盖此路径的程序输入值及预期结果即可。例如,针对路径 2 而言,输入值为"score[1]=-1",相应预期结果为"average=-1,其他量保持初值";同理,设计用例分别覆盖其他 5 条路径。

注意:在全国计算机技术与软件专业技术资格考试的软件评测师考试中,基本路径测试法往往占有绝对的分量,是软件评测人员的必备知识。

下面以软件评测师考试中的典型真题为例,进行基本路径测试法的应用讲解。

3. 实验任务

说明:以下源程序的代码由 C 语言书写,能根据指定的年、月计算当月所含天数。

源程序:

```
int GetMaxDay(int year, int month)
{
    int maxday=0;
    if(month>=1 && month<=12)
    {
        if(month==2)
        {
            if(year %4==0)
            {
                if(year %100==0)
                {
                    if(year %400==0)
                        maxday=29;
                    else
                        maxday=28;
                }
                else
                    maxday=29;
            }
            else
                maxday=28;
        }
        else
        {
            if(month==4 || month==6 || month==9 || month==11)
                maxday=30;
            else
                maxday=31;
        }
    }
    return maxday;
}
```

（1）画出以上源程序的控制流图。

（2）计算所画控制流图的程序环路复杂度 V(G)。

（3）假设 year 的取值范围是 1000＜year＜2001，请使用基本路径测试法为变量 year、month 设计测试用例（写出 year 的取值、month 的取值、maxday 的预期结果），使其满足基本路径覆盖要求。

解答：

（1）依据源程序画出控制流图，如图 4.7 所示。

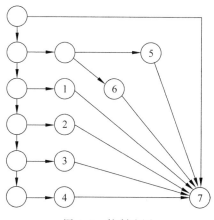

图 4.7　控制流图

（2）依据画出的控制流图计算程序环路复杂度 V(G)＝G 中区域的数量＝7。

（3）设计测试用例，如表 4.1 所示。

表 4.1　测试用例

测试用例编号	year 的取值	month 的取值	maxday 的预期结果
1	1001～2000 任意整数	[1,12]之外的任意整数	0
2	1001～2000 不能被 4 整除的任意整数，如 1001、1002、1003 等	2	28
3	1001～2000 能被 4 整除但不能被 100 整除的任意整数，如 1004、1008、1012、1016 等	2	29
4	1001～2000 能被 100 整除但不能被 400 整除的任意整数，如 1100、1300、1400、1500、1700、1800、1900	2	28
5	1001～2000 能被 400 整除的任意整数，如 1200、1600、2000	2	29
6	1001～2000 的任意整数	1、3、5、7、8、10、12 中的任意一个	31
7	1001～2000 的任意整数	4、6、9、11 中的任意一个	30

注意：设计测试用例时，先找出控制流图中的各条独立路径，之后设计覆盖各条独立路径的测试用例，并将预期结果汇总成表格。

4. 拓展练习

使用基本路径法设计出的测试用例能够保证程序的每一条可执行语句在测试过程中至少执行一次。以下源程序的代码由 C 语言书写，请按要求回答问题。（软件评测师考试真题）

源程序：

```c
Int IsLeap(int year)
{
    if(year %4==0)
    {
        if(year %100==0)
        {
            if(year %400==0)
                leap=1;
            else
            leap=0;
        }
        else
        leap=1;
    }
    else
    leap=0;
    return leap;
}
```

（1）画出以上源程序的控制流图。

（2）计算上述控制流图的程序环路复杂度 V(G)。

（3）假设 year 的取值范围是 1000＜year＜2001，请使用基本路径测试法为变量 year 设计测试用例，使其满足基本路径覆盖的要求。

实验5 基本路径测试法的应用

1. 实验目标

- 能够使用基本路径测试法设计测试用例。
- 能够针对采用 C 语言编写的教师管理系统案例进行测试用例设计。
- 能够举一反三地针对其他实例进行测试用例设计。

2. 背景知识

基本路径测试法作为覆盖测试中的一类有效测试方法,广泛应用于实际软件开发项目的测试中。本实验以教师管理系统的计算教师薪水模块和输出教师信息模块为例,采用基本路径测试法进行测试用例设计,旨在加深对基本路径测试法的认识和理解。

1) 计算教师薪水模块

源程序:

```
/ *
作用:计算教师薪水
说明:节选自教师管理系统源代码
* /
1    void CaculateTeacherSalary()
2    {
3        int i;
4        int j=0;
5        printf("输入要计算的教师编号:\n");
6        fflush(stdin);
7        scanf("%d",&num);
8        for(i=0;i<MAXNUM;i++)
9        {
10           if(Teacher[i].TeacherNo==num)    //确定是否为输入的教师号
11           {
12               j=1;                         //先赋值,之后让 j 与 0 比较
13               printf("输入保险金额:");
14               fflush(stdin);
15               scanf("%f",&baoxianjin);
16               printf("输入月效益:");
17               fflush(stdin);
18               scanf("%f",&xiaoyi);
19    TeacherSalary[i] = (Teacher[i].TeacherBaseSalary + 2 * Teacher[i].
      TeacherMonthWorkDays+xiaoyi * Teacher[i].TeacherWorkYears/100) * 0.5-
      baoxianjin;
20               printf("%04d 号教师的薪水为:%lf 元每月 \n",Teacher[i].TeacherNo,
                 TeacherSalary[i]);
```

```
21          break;          //找到该教师后,直接跳出循环
22        }
23      }
24    if(j==0)
25        printf("未找到! \n");
26  }
```

2) 输出教师信息模块

```
/ *
作用：输出教师信息
说明：节选自教师管理系统源代码
* /
1'    void PrintTeacherInformation()
2'    {
3'        unsigned int i;
4'        if(ActualNum!=0)
5'        {
6'            printf("共有%d条教师信息\n",ActualNum);
7'            printf("\n");
8'            for(i=0;i<ActualNum;i++)
9'            {
10'                printf("第%d个教师的信息：\n",i+1);
11'                printf("编号:%04d\n",Teacher[i].TeacherNo);
12'                printf("姓名:%s\n",Teacher[i].TeacherName);
13'                printf("籍贯:%s\n",Teacher[i].TeacherHometown);
14'                printf("地址:%s\n",Teacher[i].TeacherAddress);
15'                printf("电话:%s\n",Teacher[i].TeacherPhone);
16'                printf("生日:%d年%d月%d日\n",Teacher[i].TeacherBirth.year,
                         Teacher[i].TeacherBirth.month,Teacher[i].TeacherBirth.day);
17'                printf("工龄:%d\n",Teacher[i].TeacherWorkYears);
18'                if(Teacher[i].TeacherSex==0)
19'                    printf("性别:男\n");
20'                else if(Teacher[i].TeacherSex==1)
21'                    printf("性别:女\n");
22'                    else
23'                    printf("性别:无\n");
24'                printf("基本工资:%f\n",Teacher[i].TeacherBaseSalary);
25'                printf("月工作天数:%d\n",Teacher[i].TeacherMonthWorkDays);
26'                switch(Teacher[i].TeacherEducation)
27'                {
28'                    case 1:
29'                        printf("教育背景:高中\n");
30'                        break;
31'                    case 2:
32'                        printf("教育背景:学士\n");
33'                        break;
```

```
34'                   case 3:
35'                       printf("教育背景：硕士\n");
36'                       break;
37'                   case 4:
38'                       printf("教育背景：其他\n");
39'                       break;
40'                   case 5:
41'                       printf("教育背景：无\n");
42'               }
43'     printf("**********************************************\n");
44'           }
45'         }
46'         else printf("暂无教师信息！请重新选择！\n");
47'     }
```

3．实验任务

任务 1：采用基本路径测试法对计算教师薪水模块进行测试用例设计

第 1 步，依据计算机教师薪水模块源程序画出程序流程图，如图 5.1 所示。

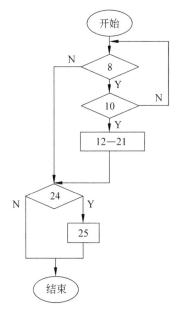

图 5.1 计算教师薪水模块程序流程图

第 2 步，依据画出的程序编程图计算程序环路复杂度 V(G)＝G 中区域的数量＝4。

第 3 步，找出图 5.1 中的 4 条独立路径。

路径 1：开始—8—24—结束。

路径 2：开始—8—24—25—结束。

路径 3：开始—8—10—(12—21)—24—结束。

路径 4：开始—8—10—8—24—结束。

第 4 步，设计覆盖各条独立路径的测试用例，并将预期结果汇总成表格，如表 5.1 所示。

表 5.1　计算教师薪水模块测试用例

序号	路　　径	测　试　用　例	预　期　结　果
1	开始—8—24—结束	设置 MAXNUM＝0,j＝1; 输入教师编号"1"	程序执行结束
2	开始—8—24—25—结束	设置 MAXNUM＝0,j＝0; 输入教师编号"1"	程序输出:"未找到!"
3	开始—8—10—(12—21)—24—结束	设置 i＝0; teacher[0].teacherNo＝123, teacher[0].teacherBaseSalary＝3000, teacher[0].teacherMonthWorkDays＝20, teacher[0].teacherWorkYears＝10; MAXNUM＝1; 输入教师编号:123; 输入保险金额:1000; 输入月效益:3000	程序输出:"0123号教师的工资为:670元每月"
4	开始—8—10—8—24—25—结束	设置 j＝0; teacher[0].teacherNo＝123, teacher[0].teacherBaseSalary＝3000, teacher[0].teacherMonthWorkDays＝20, teacher[0].teacherWorkYears＝10 MAXNUM＝1; 输入教师编号:1234	程序输出:"未找到!"

任务 2:采用基本路径测试法对输出教师信息模块进行测试用例设计

第 1 步,依据输出教师信息模块源程序画出程序流程图,如图 5.2 所示。

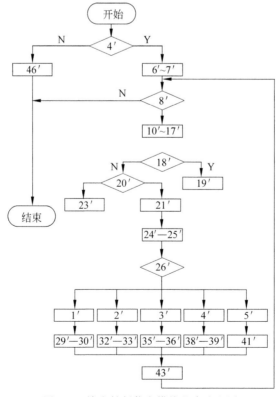

图 5.2　输出教师信息模块程序流程图

第2步,依据画出的程序流程图计算程序环路复杂度,V(G)＝G中区域的数量＝9。

第3步,找出图5.2中的9条独立路径。

路径1：开始—4′—46′—结束。

路径2：开始—4′—(6′、7′)—8′—结束。

路径3：开始—4′—(6′、7′)—8′—(10′、17′)—18′—20′—23′—(24′、25′)—26′—1′—(29′、30′)—43′—8′……

路径4：开始—4′—(6′、7′)—8′—(10′、17′)—18′—20′—21v—(24′、25′)—26′—1′—(29′、30′)—43′—8′……

路径5：开始—4′—(6′、7′)—8′—(10′、17′)—18′—19′—(24′、25′)—26′—1′—(29′、30′)—43′—8d……

路径6：开始—4′—(6′、7′)—8′—(10′、17′)—18′—20′—21′—(24′、25′)—26′—2′—(32′、33′)—43′—8′……

路径7：开始—4′—(6′、7′)—8′—(10′、17′)—18′—20′—21′—(24′、25′)—26′—3′—(35′、36′)—43′—8′……

路径8：开始—4′—(6′、7′)—8′—(10′、17′)—18′—20′—21′—(24′、25′)—26′—4′—(38′、39′)—43′—8′……

路径9：开始—4′—(6′、7′)—8′—(10′、17′)—18′—20′—21′—(24′、25′)—26′—5′—41′—43′—8′……

第4步,设计覆盖各条独立路径的测试用例,并将预期结果汇总成表格,如表5.2所示。

表5.2 输出教师信息模块测试用例

序号	路　径	测　试　用　例	预　期　结　果
1	开始—4—46—结束	设置 AcrualNum＝0	程序输出："暂无教师信息！请重新选择！"
2	开始—4—(6、7)—8—结束	设置 AcrualNum＝－1	程序输出："共有－1条教师信息"
3	开始—4—(6、7)—8—(10、17)—18—20—23—(24、25)—26—1—(29、30)—43—8……	设置 acrualNum＝1, Teacher[0].TeacherNo＝1234, Teacher[0].TeacherName＝"Nobody", Teacher[0].TeacherHometown＝"河北承德", Teacher[0].TeacherAddress＝"河北石家庄", Teacher[0].TeacherPhone＝"18712340024", Teacher[0].TeacherBirth.year＝1991, Teacher[0].TeacherBirth.month＝8, Teacher[0].TeacherBirth.day＝7, Teacher[0].TeacherWorkYears＝10, Teacher[0].TeacherSex＝2, Teacher[0].TeacherBaseSalary＝3000, Teacher[0].TeacherMonthWorkDays＝20, Teacher[0].TeacherEducation＝1	程序输出：" 共有1条教师信息 第1个教师的信息： 编号：1234 姓名：Nobody 籍贯：河北承德 地址：河北石家庄 电话：18712340024 生日：1991年8月7日 工龄：10 性别：无 基本工资：3000 月工作天数：20 教育背景：高中 ＊＊＊＊＊＊＊＊＊＊＊＊＊＊"

序号	路　　径	测 试 用 例	预 期 结 果
4	开 始—4—（6、7）—8—（10、17）—18—20—21—（24、25）—26—1—（29、30）—43—8……	设置 acrualNum＝1， Teacher[0]. TeacherNo＝1234， Teacher[0]. TeacherName＝"Nobody"， Teacher[0]. TeacherHometown＝"河北承德"， Teacher[0]. TeacherAddress＝"河北石家庄"， Teacher[0]. TeacherPhone＝"18712340024"， Teacher[0]. TeacherBirth. year＝1991， Teacher[0]. TeacherBirth. month＝8， Teacher[0]. TeacherBirth. day＝7， Teacher[0]. TeacherWorkYears＝10， Teacher[0]. TeacherSex＝1， Teacher[0]. TeacherBaseSalary＝3000， Teacher[0]. TeacherMonthWorkDays＝20， Teacher[0]. TeacherEducation＝1	程序输出：" 共有 1 条教师信息 第 1 个教师的信息： 编号：1234 姓名：Nobody 籍贯：河北承德 地址：河北石家庄 电话：18712340024 生日：1991 年 8 月 7 日 工龄 10 性别：女 基本工资：3000 月工作天数：20 教育背景：高中 *************"
5	开 始—4—（6、7）—8—（10、17）—18—19—（24、25）—26—1—（29、30）—43—8……	设置 acrualNum＝1， Teacher[0]. TeacherNo＝1234， Teacher[0]. TeacherName＝"Nobody"， Teacher[0]. TeacherHometown＝"河北承德"， Teacher[0]. TeacherAddress＝"河北石家庄"， Teacher[0]. TeacherPhone＝"18712340024"， Teacher[0]. TeacherBirth. year＝1991， Teacher[0]. TeacherBirth. month＝8， Teacher[0]. TeacherBirth. day＝7， Teacher[0]. TeacherWorkYears＝10， Teacher[0]. TeacherSex＝0， Teacher[0]. TeacherBaseSalary＝3000， Teacher[0]. TeacherMonthWorkDays＝20， Teacher[0]. TeacherEducation＝1	程序输出：" 共有 1 条教师信息 第 1 个教师的信息： 编号：1234 姓名：Nobody 籍贯：河北承德 地址：河北石家庄 电话：18712340024 生日：1991 年 8 月 7 日 工龄 10 性别：男 基本工资：3000 月工作天数：20 教育背景：高中 *************"
6	开 始—4—（6、7）—8—（10、17）—18—20—21—（24、25）—26—2—（32、33）—43—8……	设置 acrualNum＝1， Teacher[0]. TeacherNo＝1234， Teacher[0]. TeacherName＝"Nobody"， Teacher[0]. TeacherHometown＝"河北承德"， Teacher[0]. TeacherAddress＝"河北石家庄"， Teacher[0]. TeacherPhone＝"18712340024"， Teacher[0]. TeacherBirth. year＝1991， Teacher[0]. TeacherBirth. month＝8， Teacher[0]. TeacherBirth. day＝7， Teacher[0]. TeacherWorkYears＝10， Teacher[0]. TeacherSex＝1， Teacher[0]. TeacherBaseSalary＝3000， Teacher[0]. TeacherMonthWorkDays＝20， Teacher[0]. TeacherEducation＝2	程序输出：" 共有 1 条教师信息 第 1 个教师的信息： 编号：1234 姓名：Nobody 籍贯：河北承德 地址：河北石家庄 电话：18712340024 生日：1991 年 8 月 7 日 工龄 10 性别：女 基本工资：3000 月工作天数：20 教育背景：学士 *************"

序号	路　　径	测　试　用　例	预　期　结　果
7	开始—4—(6、7)—8—(10、17)—18—20—21—(24、25)—26—3—(35、36)—43—8……	设置 acrualNum＝1，Teacher[0]. TeacherNo＝1234，Teacher[0]. TeacherName＝"Nobody"，Teacher[0]. TeacherHometown＝"河北承德"，Teacher[0]. TeacherAddress＝"河北石家庄"，Teacher[0]. TeacherPhone＝"18712340024"，Teacher[0]. TeacherBirth. year＝1991，Teacher[0]. TeacherBirth. month＝8，Teacher[0]. TeacherBirth. day＝7，Teacher[0]. TeacherWorkYears＝10，Teacher[0]. TeacherSex＝1，Teacher[0]. TeacherBaseSalary＝3000，Teacher[0]. TeacherMonthWorkDays＝20，Teacher[0]. TeacherEducation＝3	程序输出："共有1条教师信息 第1个教师的信息： 编号：1234 姓名：Nobody 籍贯：河北承德 地址：河北石家庄 电话：18712340024 生日：1991年8月7日 工龄10 性别：女 基本工资：3000 月工作天数：20 教育背景：硕士 ＊＊＊＊＊＊＊＊＊＊＊＊＊"
8	开始—4—(6、7)—8—(10、17)—18—20—21—(24、25)—26—4—(38、39)—43—8……	设置 acrualNum＝1，Teacher[0]. TeacherNo＝1234，Teacher[0]. TeacherName＝"Nobody"，Teacher[0]. TeacherHometown＝"河北承德"，Teacher[0]. TeacherAddress＝"河北石家庄"，Teacher[0]. TeacherPhone＝"18712340024"，Teacher[0]. TeacherBirth. year＝1991，Teacher[0]. TeacherBirth. month＝8，Teacher[0]. TeacherBirth. day＝7，Teacher[0]. TeacherWorkYears＝10，Teacher[0]. TeacherSex＝2，Teacher[0]. TeacherBaseSalary＝3000，Teacher[0]. TeacherMonthWorkDays＝20，Teacher[0]. TeacherEducation＝4	程序输出："共有1条教师信息 第1个教师的信息： 编号：1234 姓名：Nobody 籍贯：河北承德 地址：河北石家庄 电话：18712340024 生日：1991年8月7日 工龄10 性别：无 基本工资：3000 月工作天数：20 教育背景：其他 ＊＊＊＊＊＊＊＊＊＊＊＊＊"
9	开始—4—(6、7)—8—(10、17)—18—20—21—(24、25)—26—5—41—43—8……	设置 acrualNum＝1，Teacher[0]. TeacherNo＝1234，Teacher[0]. TeacherName＝"Nobody"，Teacher[0]. TeacherHometown＝"河北承德"，Teacher[0]. TeacherAddress＝"河北石家庄"，Teacher[0]. TeacherPhone＝"18712340024"，Teacher[0]. TeacherBirth. year＝1991，Teacher[0]. TeacherBirth. month＝8，Teacher[0]. TeacherBirth. day＝7，Teacher[0]. TeacherWorkYears＝10，Teacher[0]. TeacherSex＝1，Teacher[0]. TeacherBaseSalary＝3000，Teacher[0]. TeacherMonthWorkDays＝20，Teacher[0]. TeacherEducation＝5	程序输出："共有1条教师信息 第1个教师的信息： 编号：1234 姓名：Nobody 籍贯：河北承德 地址：河北石家庄 电话：18712340024 生日：1991年8月7日 工龄10 性别：女 基本工资：3000 月工作天数：20 教育背景：无 ＊＊＊＊＊＊＊＊＊＊＊＊＊"

至此,采用基本路径测试法对教师管理系统的两个模块进行测试用例设计,实际操作时应仔细体会并灵活应用。

4. 拓展练习

逻辑覆盖法是设计白盒测试用例的主要方法之一,它是通过对程序逻辑结构的遍历实现程序的覆盖。针对以下由 C 语言编写的源程序,按要求回答问题。(软件评测师考试真题)

源程序:

```
getit(int m)
{
    int I,k;
    k=sqrt(m);
    for(i=2;i<=k;i++)
    if(m%i==0)  break;
if(i>=k+1)
    printf("%d is a selected number\n",m);
else
    printf("%d is not a selected number\n",m);
}
```

(1) 找出源程序中所有的逻辑判断子语句。

(2) 找出 100%判断覆盖所需的逻辑条件。

(3) 画出上述源程序的控制流图,并计算该控制流图的程序环路复杂度 V(G)。假设函数 getit 的参数 m 的取值范围是 150<m<160,请使用基本路径测试法设计测试用例,列出参数 m 的取值,使其满足基本路径覆盖要求。

实验 6　C++ Test 的安装与配置

1. 实验目标

- 了解 C++ Test 的主要功能。
- 能够独立安装 C++ Test。
- 熟悉 C++ Test 工具的界面。

2. 背景知识

计算闰年程序是一个经典的源程序,如图 6.1 所示。对该程序进行静态测试,判断程序中存在的问题。

```
#include<stdio.h>

void main()
{
    int y = 2000;

    while(y <= 2500)
    {
    if((y%4) == 0)
        if(y%100 != 0)
            printf("%d年是闰年\n",y);
        else
            if(y%400 == 0)
                printf("%d年是闰年\n",y);
            else
                printf("%d年不是闰年\n",y);
    else
        printf("%d年不是闰年\n",y);
    y = y + 1;
    }
}
```

图 6.1　计算闰年程序

客观来讲,单纯通过肉眼或许并不能发现较多的程序问题,如果借助 C++ Test 工具执行一次静态测试,则可以发现图 6.2 所示的代码中,很多行的左侧都显示了 标志。凡标注 的代码行均发生了违反标准和规范的行为。

```
2       #include<stdio.h>
3
4       void main()
5       {
6           int y = 2000;
7
8           while(y <= 2500)
9           {
10          if((y%4) == 0)
11              if(y%100 != 0)
12                  printf("%d□□□□\n",y);
13              else
14                  if(y%400 == 0)
15                      printf("%d□□□□\n",y);
16                  else
17                      printf("%d□□□□□\n",y);
18          else
```

图 6.2　计算闰年程序静态测试结果

也就是说,很多程序问题可借助 C++ Test 工具轻松定位。可见,C++ Test 工具的引入是必然且有价值的。

C++ Test 是法国 Parasoft 公司研发的一款专门针对 C/C++ 程序的白盒测试工具,功能强大,操作简便。首先,在无须编写测试用例、测试驱动程序或桩模块的情况下,可针对任何 C/C++ 类、函数或部件等进行测试;其次,可适应任何软件开发生命周期,易用性强;最后,有助于针对程序轻松开展静态测试、动态测试及回归测试等多方面的测试,同时可针对测试覆盖情况进行统计和管理。另外,值得一提的是,C++ Test 强大的报表功能可为测试过程呈现详尽的报表统计。由此可见,C++ Test 工具的优势显著。

接下来,针对上述 C++ Test 所支持的重点测试类型,简要介绍如下。

(1) 静态测试:C++ Test 支持多达几百甚至上千条测试规范,不仅集成了 Parasoft 公司积累的一些规范,更重要的是内嵌了业界最著名的 Effective C++ (epcc)、More Effective C++ (mepcc) 等标准和规范,有助于轻松地开展静态测试,进行代码规范性检验。

(2) 动态测试:C++ Test 可针对待测程序自动生成一批精心设计的测试用例并自动执行,有助于高效开展动态测试。例如,程序中出现了"for(i=0;i<=5;i++)",则 C++ Test 极有可能针对"i=5"这个边界情况进行多条用例设计并生成相应的测试代码,旨在对程序边界情况进行校验。

(3) 回归测试:C++ Test 支持回归测试的开展。当首次测试某个待测程序时,可自动保存其测试相关参数。一旦需要执行回归测试时,可打开合适的项目和文件,运行所有原来的测试用例和测试相关参数,且可告知执行中发现的问题,从而保证了回归测试参数的选取与之前的测试相关参数的一致性等。

总之,C++ Test 为软件开发工程师和白盒测试工程师提供了一种灵活且便捷的软件测试方式。

C++ Test 支持 Windows、Linux 等多种操作系统,且有不同类型的安装版本,如单机版、插件版。下面以 Windows 操作系统为例,分别介绍 C++ Test 单机版和插件版的安装。然后简要介绍 C++ Test 的操作界面,旨在初步认识并了解 C++ Test 工具。

3. 实验任务

任务 1:C++ Test 单机版的安装

本任务主要介绍如何在 Windows 操作系统上安装 C++ Test 单机版软件。在此,以 C++ Test6.5 版本为例进行介绍。具体安装步骤如下。

注意:建议在安装 C++ Test 6.5 之前安装 Microsoft Visual C++ 6.0,并在 Visual C++ 6.0 中成功运行一段程序后再进行 C++ Test 6.5 的安装,以防止 C++ Test 6.5 安装成功后在运行过程中出现异常状况。

第 1 步,安装 Visual C++ 6.0 软件。执行 exe 安装文件,安装方法同普通的 Windows 应用程序的安装方法一样,可选择安装路径,依次单击"下一步"按钮即可完成安装。限于篇幅,不再赘述。

第 2 步,在 Visual C++ 6.0 中运行一段程序。安装完成后,启动 Visual C++ 6.0,可以执行一次项目的编译,确保环境变量已经写入系统中。在此运行图 6.1 所示的计算闰年程序。

第 3 步,安装 C++ Test 6.5 工具。执行 exe 安装文件,安装过程与普通的 Windows 应用程序的安装方法一样,可选择安装路径,依次单击"下一步"按钮即可完成安装。限于篇幅,不赘述。

注意:C++ Test 试用版软件限制部分功能的使用,若要使用被限制的部分功能或长期使用该软件,需购买相应的软件许可证。不同类型的软件许可证价格差别较大,建议依据实际需要选择购买。

第 4 步,C++ Test 6.5 安装完毕后,桌面可出现如图 6.3 所示的快捷方式图标,且可自动与 Visual C++ 6.0 集成,如图 6.4 所示。

图 6.3 快捷方式图标

图 6.4 C++ Test 与 VIsual C++ 6.0 集成

第 5 步,双击图 6.3 所示的快捷方式图标,可进入图 6.5 所示的 C++ Test 6.5 启动界面,随后自动跳转至 C++ Test 主界面,如图 6.6 所示。至此,完成 C++ Test 的安装并成功启动。

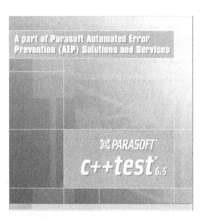

图 6.5 C++ Test 启动界面

任务 2:C++ Test 插件版的安装

本任务主要介绍如何在 Windows 操作系统上将 C++ Test 插件安装到 Visual Studio

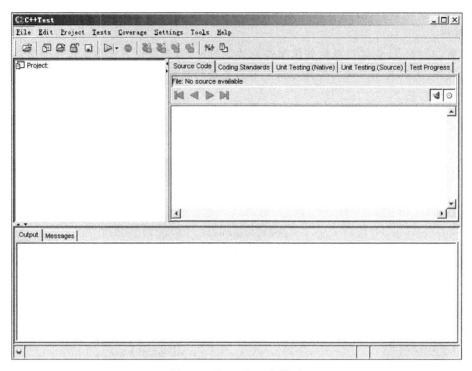

图 6.6　C++ Test 主界面

集成环境中。在此,以 Visual Studio 2008 及 cpptest_9.0.0.155_win32_vs2005_2008_2010
版本为例进行介绍。具体安装步骤如下。

第 1 步,安装 Visual Studio 2008 工具软件,如图 6.7 所示。该软件的成功安装是
cpptest_9.0.0.155_win32_vs2005_2008_2010 工具安装的必备前提,其安装过程可参考微
软官方帮助,限于篇幅,不赘述。

图 6.7　安装 Visual Studio 2008

注意：若未事先安装 Visual Studio 软件，则安装 C++ Test 插件（如 cpptest_9.0.0.155 _win32_vs2005_2008_2010）时，系统会弹出图 6.8 所示的提示信息。

第 2 步，安装 C++ Test 工具软件。双击 cpptest_9.0.0.155_win32_vs2005_2008_ 2010.exe，打开图 6.9 所示的"选择安装语言"对话框。

图 6.8　安装向导提示信息

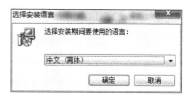

图 6.9　"选择安装语言"对话框

第 3 步，选择"中文（简体）"并单击"确定"按钮，打开图 6.10 所示的产品封面。数秒后，系统自动跳转至图 6.11 所示的对话框开始安装。

图 6.10　产品封面

图 6.11　进行安装

第 4 步,单击"下一步"按钮,打开图 6.12 所示的对话框,阅读许可协议。

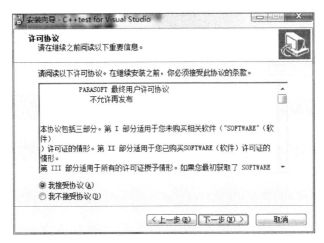

图 6.12　许可协议

第 5 步,在已阅读并同意许可协议的前提下,选择"我接受协议(A)"单选按钮,并单击"下一步"按钮,打开图 6.13 所示的对话框,阅读相关重要信息。

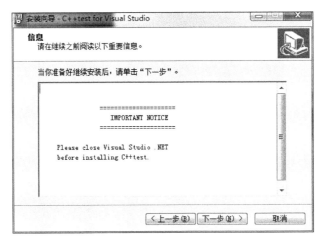

图 6.13　重要信息

第 6 步,单击"下一步"按钮,打开图 6.14 所示的对话框,选择 C++ Test for Visual Studio 的安装目录。

第 7 步,单击"下一步"按钮,打开图 6.15 所示的对话框,选择 Parasoft Test for Visual Studio 的安装目录。

第 8 步,单击"下一步"按钮,打开图 6.16 所示的对话框,选择 Visual Studio 加载项注册。

第 9 步,选择"添加 Parasoft C++ Test 插件到主 Visual Studio 配置中(推荐)"单选按钮,并单击"下一步"按钮,打开图 6.17 所示的对话框,选择开始菜单文件夹。

第 10 步,指定希望该程序的快捷方式添加到菜单文件夹中的位置后,单击"下一步"按钮,打开图 6.18 所示的对话框,准备安装可确认已设置的安装信息。

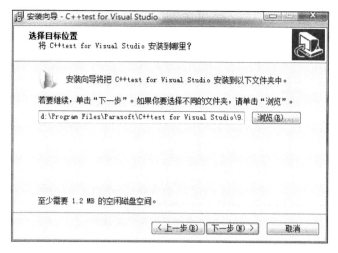

图 6.14 选择 C++ Test for Visual Studio 的安装目录

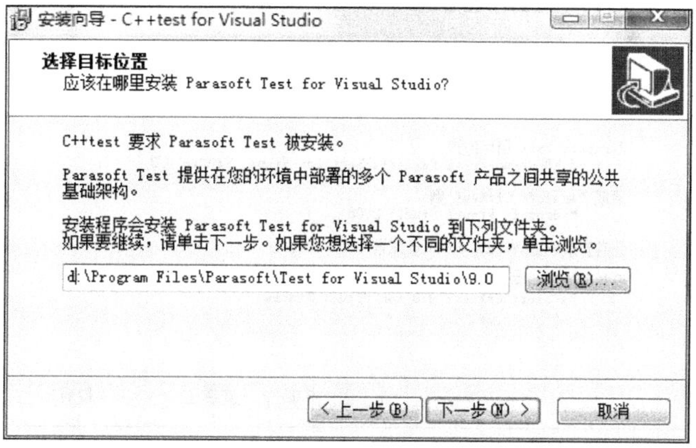

图 6.15 选择 C++ Test for Visual Studio 的安装目录

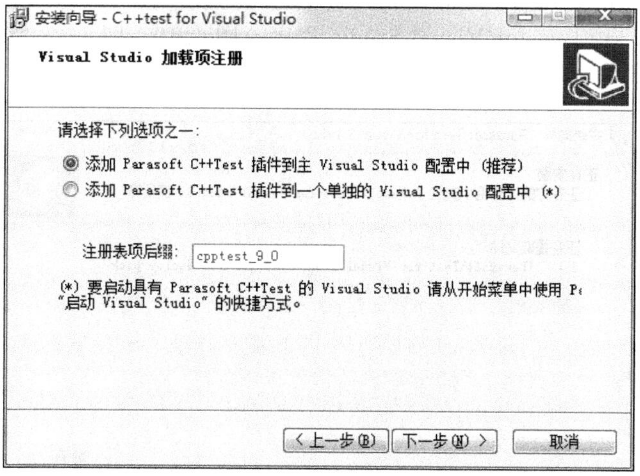

图 6.16 Visual Studio 加载项注册

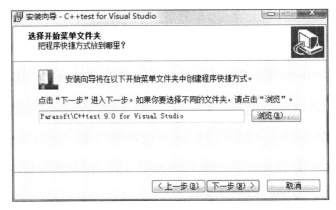

图 6.17　选择开始菜单文件夹

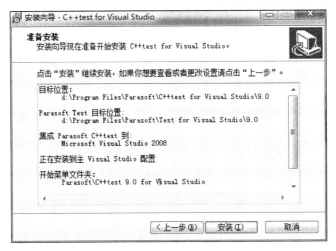

图 6.18　准备安装

第 11 步,确认各项安装信息后,单击"安装"按钮,系统自动依次安装 Parasoft Test for Visual Studio 和 C++ Test for Visual Studio 程序。图 6.19～图 6.22 所示为上述程序的自动安装及配置过程。

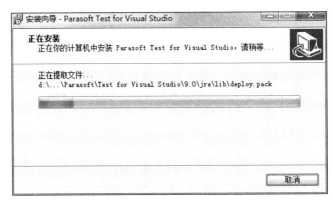

图 6.19　安装 Parasoft Test for Visual Studio

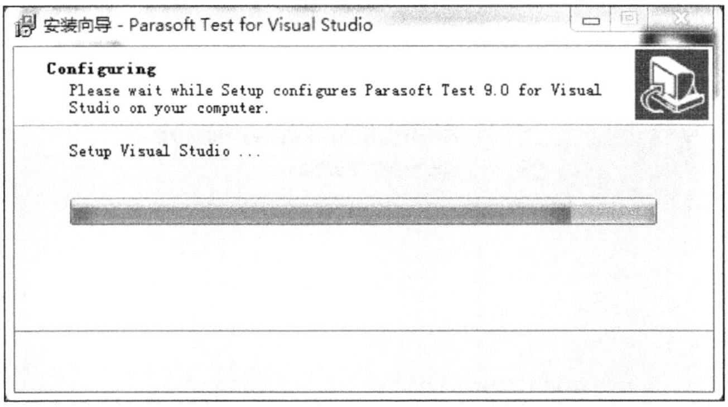

图 6.20　配置 Parasoft Test for Visual Studio

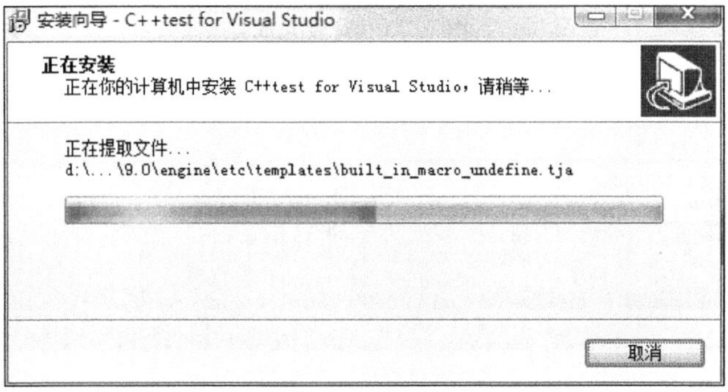

图 6.21　安装 C++ Test for Visual Studio

图 6.22　配置 C++ Test for Visual Studio

第 12 步，出现图 6.23 所示的对话框提示安装完成时，表明已经成功安装了 C++ Test 插件至 Visual Studio 2008 集成环境中。

第 13 步，C++ Test 插件成功安装后，可通过多种方法启动该工具。其一，选择"开始"| "所有程序"| Parasoft 菜单下的程序并启动；其二，选择"开始"| "所有程序"| Microsoft Visual Studio 2008 | Microsoft Visual Studio 2008 菜单选项并启动。启动后，进入图 6.24 所示的 Visual Studio 2008 集成环境主界面。系统主界面中可显示已成功安装的 C++ Test 插件。

图 6.23　安装完成

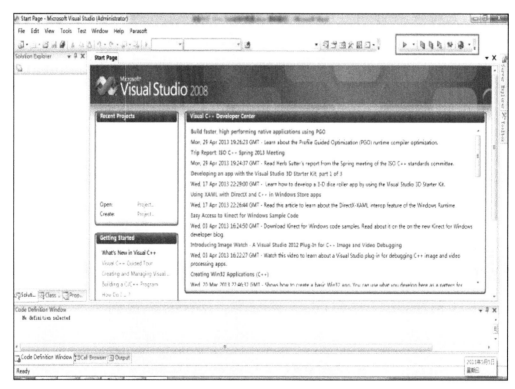

图 6.24　C++ Test 与 Visual Studio 2008 集成

任务 3：熟悉 C++ Test 的操作界面

通过任务 1 和任务 2，读者认识了 C++ Test 单机版和插件版的安装。两者的功能及核心思想基本一致，读者可通过单机版更清晰地了解 C++ Test 的功能。下面对 C++ Test 单机版的操作界面进行介绍。

C++ Test 支持多种启动方式。其一，在 Visual C++ 6.0 中单击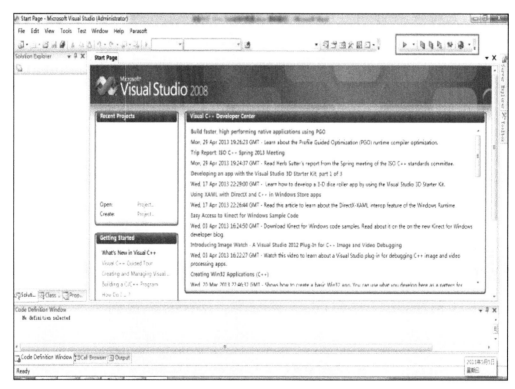（Launch C++ Test GUI）图标启动；其二，选择"开始"|"程序"|C++ Test|C++ Test 菜单选项并启动；其三，单

击桌面上的 C++ Test 快捷方式图标启动。

以第一种 C++ Test 启动方式为例,打开图 6.25 所示的 C++ Test 操作界面。

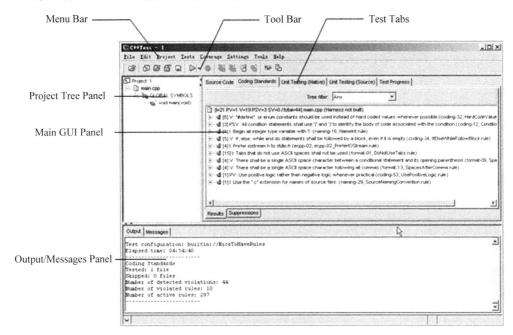

图 6.25　C++ Test 操作界面

（1）Menu Bar：菜单栏,包含 File、Edit、Project、Tests 及 Coverage 等菜单项。

（2）Tool Bar：工具栏,包含各项常用工具。值得提醒的是,工具栏中所显示的各项工具可通过选择 Settings|Change Toolbar 菜单选项,在 Customize toolbar 对话框中进行灵活定制,如图 6.26 所示。

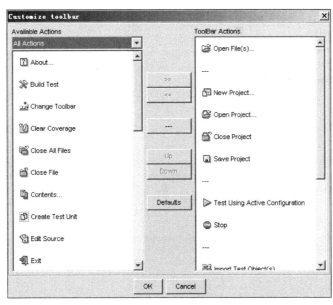

图 6.26　Customize toolbar 对话框

（3）Test Tabs：测试选项卡，包含 Source Code、Coding Standards、Unit Testing（Native）、Unit Testing（Source）及 Test Progress 选项卡。

- Source Code 选项卡：源代码选项卡，用于显示待测程序，如图 6.27 所示。

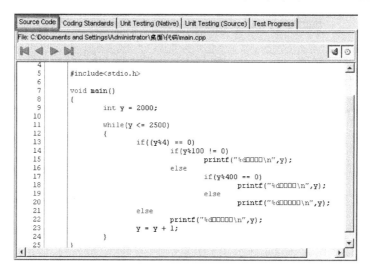

图 6.27　Source Code 选项卡

注意：图 6.27 所示的 Source Code 选项卡中，待测程序（即源程序）中的汉字无法正确显示，均显示为"□□□□"。若遇到此情况，可通过选择 Settings｜Customize｜Source Code 菜单选项，打开图 6.28 所示对话框，修改 Font 下拉菜单的内容为 Default，待测程序即可正确显示汉字。

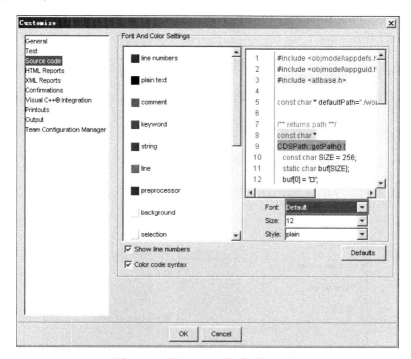

图 6.28　设置 Font 下拉菜单的内容

- Coding Standards 选项卡：编码标准选项卡，用于显示静态测试结果，如图 6.29 所示。

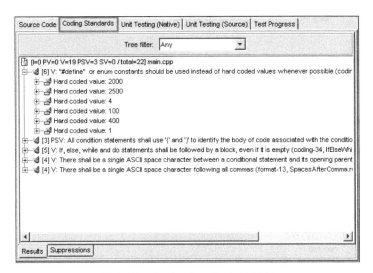

图 6.29　Coding Standards 选项卡

- Unit Testing(Native)选项卡：单元测试(本地)选项卡，用于显示动态测试及回归测试结果，如图 6.30 所示。

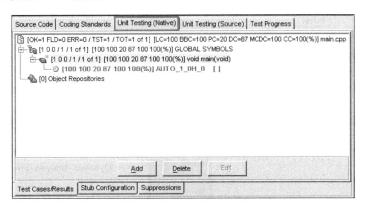

图 6.30　Unit Testing(Native)选项卡

- Unit Testing(Source)选项卡：单元测试(源)选项卡，也可用于显示动态测试及回归测试结果，如图 6.31 所示。
- Test Progress 选项卡：测试进度选项卡，显示测试过程的进展，如图 6.32 所示。
（4）Project Tree Panel：工程树面板。
（5）Main GUI Panel：主界面面板。
（6）Output/Messages Panel：输出/消息面板。

由于 C++ Test 6.5 在安装完毕后可自动与 Visual C++ 6.0 集成，所以补充说明 Visual C++ 6.0 中 C++ Test 快捷菜单（见图 6.33）如下。

① Launch C++ Test GUI：访问 C++ Test 界面，选择该项可从当前 Visual C++ 6.0 环境转入 C++ Test 界面。

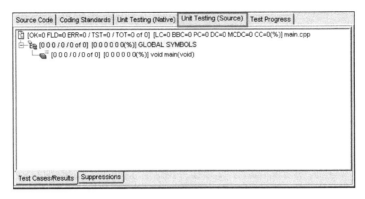

图 6.31　Unit Testing(Source)选项卡

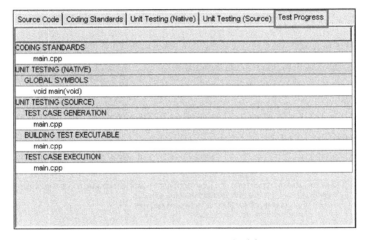

图 6.32　Test Progress 选项卡

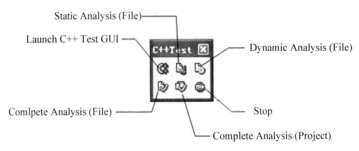

图 6.33　Visual C++ 6.0 中 C++ Test 快捷菜单

② Static Analysis(File)：静态测试(文件)，选择该项可针对 Visual C++ 6.0 中当前打开的文件执行静态测试。

③ Dynamic Analysis(File)：动态测试(文件)，选择该项可针对 Visual C++ 6.0 中当前打开的文件执行动态测试和回归测试。

④ Complete Analysis(File)：全面测试(文件)，选择该项可自动导入 Visual C++ 6.0 中当前打开的文件至 C++ Test，并编译测试用例，执行静态测试和动态测试。

⑤Complete Analysis(Project)：全面测试(工程)，选择该项可自动导入 Visual C++ 6.0

当前打开的工程至 C++ Test,并编译测试用例,执行静态测试和动态测试。

⑥ Stop:停止,选择该项则停止测试。

以上为 C++ Test 工具操作界面的基本介绍,旨在使读者对 C++ Test 有了一个大概的认识。关于 C++ Test 更详细的使用说明将在后续实验中逐步进行介绍。

4. 拓展练习

(1) 依据任务 1 及任务 2 中的操作步骤,体验不同版本 C++ Test 的安装过程。

(2) 结合已安装完成的 C++ Test,熟悉其操作界面。

实验 7　C++　Test 静态测试

1. 实验目标

- 理解 C++ Test 静态测试原理。
- 掌握 C++ Test 静态测试理论。
- 能够使用 C++ Test 进行静态测试。
- 能够对静态测试结果进行分析。
- 尝试针对静态测试结果修改源代码。

2. 背景知识

C++ Test 是一款白盒测试工具,界面简单、功能强大,有助于针对程序轻松开展静态测试、动态测试及回归测试等多方面的测试,同时可针对测试覆盖情况进行统计和管理。

本实验重点介绍 C++ Test 静态测试。什么是静态测试? 静态测试是指不运行被测程序(即源程序)本身,仅通过分析或检查被测程序的语法、结构、过程及接口等来验证程序的正确性。例如,常见的静态测试错误有参数不匹配、循环嵌套和分支嵌套不恰当、递归的不合理应用、定义的变量未使用及空指针的引用等。通常,静态测试可分为代码检查、静态结构分析及代码质量度量等。

C++ Test 静态测试,基于其内嵌了业界最著名的 Effective C++(epcc)、More Effective C++(mepcc)、Meyer-Klaus(mk)以及 Universal Code Standard(ucs)等编码规范。同时,C++ Test 集成了 Parasoft 公司积累的一些规范。C++ Test 通过对被测代码进行详尽的扫描,实质是将被测代码与 C++ Test 事先设定好的编码规范进行对比,从而验证代码中是否存在与预设规范相冲突的地方,以尽快发现问题代码,避免由它们带来之后的集成扩散。C++ Test 静态测试的原理如图 7.1 所示。

被测代码　　　　　　　　　　　　　　　　　　　　　　　编码规范

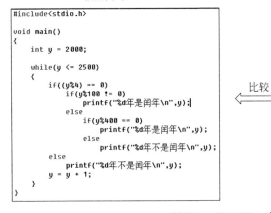
比较
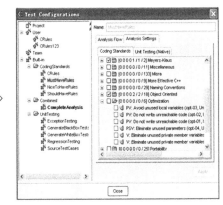

图 7.1　C++ Test 静态测试原理

显而易见,C++ Test 静态测试有助于将软件开发规范化,并可在编码早期自动实现错误预防。

理解了 C++ Test 静态测试原理之后,C++ Test 如何开展静态测试将作为后续研究的重点。通常,静态测试的开展包含如下 3 步。

(1) 设置 C++ Test 静态测试规则,即从众多规范中选出被测代码应遵循的规范集合。

(2) 执行 C++ Test 静态测试,即将被测代码与 C++ Test 设置好的编码规范进行比较的过程。

(3) 分析 C++ Test 静态测试结果,即针对比较得出的结果进行分析,以确定被测代码与编码规范相冲突的地方,从而尽快确定代码中的问题。

3. 实验任务

下面以计算闰年程序(见图 7.2)为例,介绍完整的 C++ Test 静态测试过程。

```
#include<stdio.h>

void main()
{
    int y = 2000;

    while(y <= 2500)
    {
        if((y%4) == 0)
            if(y%100 != 0)
                printf("%d年是闰年\n",y);
            else
                if(y%400 == 0)
                    printf("%d年是闰年\n",y);
                else
                    printf("%d年不是闰年\n",y);
        else
            printf("%d年不是闰年\n",y);
        y = y + 1;
    }
}
```

图 7.2　计算闰年程序

任务 1:设置 C++ Test 静态测试规则

第 1 步,打开 C++ Test 静态测试规则设置对话框。选择 Tests ｜ Test Configurations… 菜单选项,打开 Test Configuration 对话框,如图 7.3 所示。Test Configuration 对话框中主要包含测试规范树及测试规则两部分内容,具体介绍如下。

(1) 测试规范树:以树状形式显示了 C++ Test 中的测试规范结构,通常划分为以下四大类。

① Project:工程的规范。

② Users:个人的规范。

③ Team:团队的规范。

④ Built in:系统内置的规范。

就此,给出几点提醒:第一,Built in 类别的规范无法进行配置,由系统事先进行了默认设定;第二,Built in 类别的规范下包含了 4 种不同的级别,分别为 Crules、MustHaveRules、NiceToHaveRules 及 ShouldHaveRules,四者级别的高低如图 7.4 所示;第三,若需要灵活配置测试规范时,仅需将 Built in 中某级别的规则存放于 Project 或 Users 中,即可进一步进行规范的灵活配置。

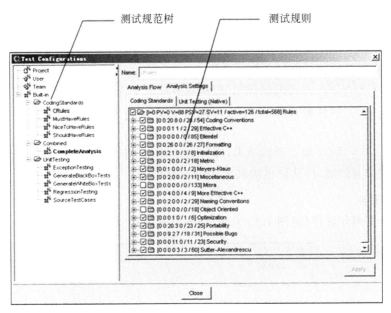

图 7.3 Test Configuration 对话框

图 7.4 Built in 规范的级别

注意：Crules、MustHaveRules、NiceToHaveRules 及 ShouldHaveRules 4 种不同规范级别，是依据总规则中的被激活的规则数目的多少来划分的。例如，Crules 对应"active＝126"，MustHaveRules 对应"active＝27"，NiceToHaveRules 对应"active＝287"，ShouldHaveRules 对应"active＝202"，级别高低显而易见。

（2）测试规则：在测试规范树中选择某规范类别后，右边区域将列出相应的具体测试规则，例如著名的 Effective C++（epcc）、More Effective C++（mepcc）等编码规范。在此，针对所选择的规范类别，将测试规则依据 I、PV、V、PSV 及 SV 5 个不同的严重级别进行了归类，并显示在测试规则列表的最上面。其中，5 个级别的含义如下。

① I：表示 information，通知行为。

② PV：表示 possible violation，可能的违规行为。

③ V：表示 violation，违规行为。

④ PSV：表示 possible severe violation，可能的严重违规行为。

⑤ SV：表示 severe violation，严重违规行为。

如图 7.5 所示，此区域统计了当前规范类别中各种类型的规范级别数。通过单击对应规范文件夹前面的 ⊞ 图标可查看该规范的详细内容，如图 7.6 所示。可根据实际需要灵活选择合适的测试规则。

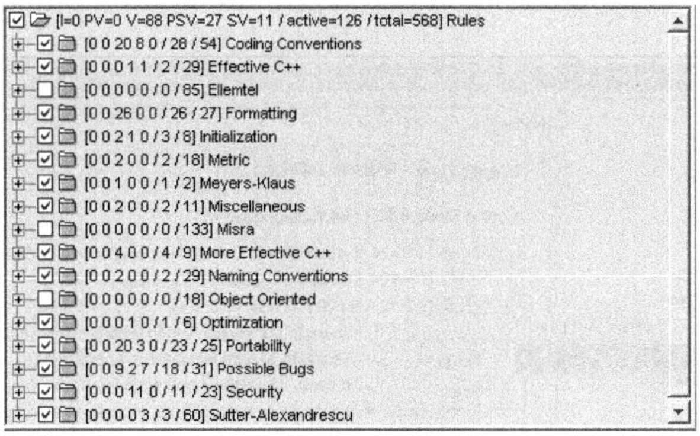

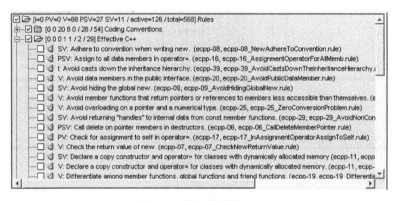

图 7.5　测试规则列表 1

图 7.6　测试规则列表 2

注意：图 7.5 中所示的众多测试规则适用于不同的应用领域，一般来自软件开发行业已有的实践经验或提取于经典的书籍。例如，Misra 是由 MISRA 组织制定的针对 C 语言的软件开发标准，其目标是提高 C 语言程序代码在嵌入式系统中的安全性、可移植性和可靠性；Effective C++ 是提取于《Effective C++》一书中的 C++ 编程规范。

第 2 步，以 C++ Test 内置的 NiceToHaveRules 为参照，建立灵活的工程规范。如图 7.7 所示，选择 Built in|CodingStandards 菜单选项，右击，从弹出的快捷菜单中选择 NiceToHaveRules|Copy To…|Project 菜单选项，将 NiceToHaveRules 加入 Project（工程）中，如图 7.8 所示。此时 Project（工程）下的 NiceToHaveRules 规范可进行灵活配置。

第 3 步，设置 Project 下的 NiceToHaveRules 规范。在测试规则表列中选中所有规则，使 NiceToHaveRules 规范总数达到最大值，即后续要进行最严格的全规则测试。

第 4 步，激活工程的测试规范。如图 7.9 所示，选择 Project 菜单选项，右击，从弹出的快捷菜单中选择 NiceToHaveRules|Set As Active 菜单选项，则此规范被激活，其图标由 NiceToHaveRules 变为 NiceToHaveRules，即此规范被设为工程默认的测试规范。

注意：若 C++ Test 中内置的众多规则仍不能满足需求，可通过选择 Tools|RuleWizard 菜单选项，借助 RuleWizard 向导创建新的规则。

C++ Test 测试规范设置完成后，即可开始对被测代码（即源代码）进行静态测试。

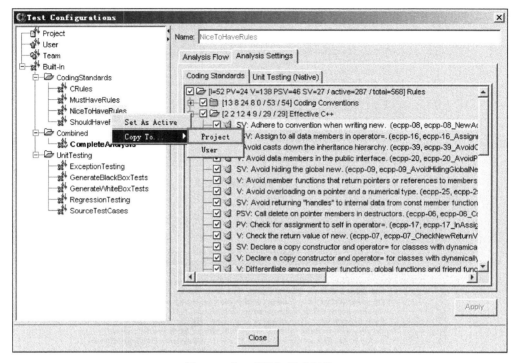

图 7.7　为工程添加测试规范

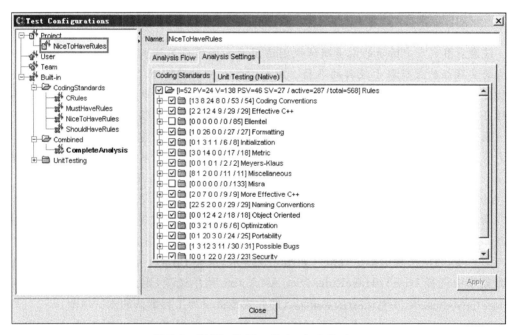

图 7.8　将 NiceToHaveRules 加入 Project

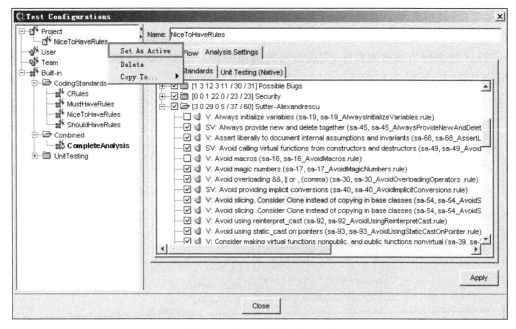

图 7.9　激活工程的测试规范

任务 2：执行 C++ Test 静态测试

C++ Test 对被测代码执行静态测试的操作比较简单,过程如下。

第 1 步,打开待测试的文件。选择 File|Open File(s)…菜单选项,打开 runnian.cpp 待测文件,如图 7.10 所示。

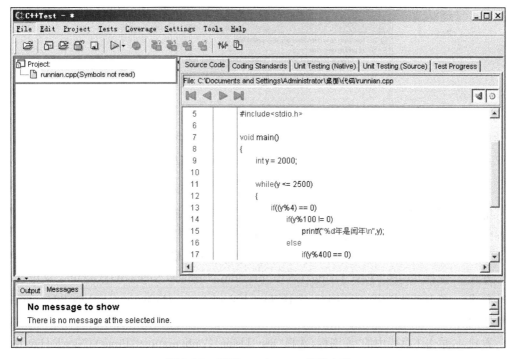

图 7.10　打开 runnian.cpp 待测文件

第2步，读取符号。选择 runnian. cpp(Symbols not read)，右击，从弹出的快捷菜单中选择 Read Symbols 菜单选项，如图7.11所示。符号读取过程如图7.12所示。此过程中，C++ Test 将剖析当前被测程序，完成最初的词法分析。单击 OK 按钮，分析结果将显示在 Output 窗口中，如图7.13所示。

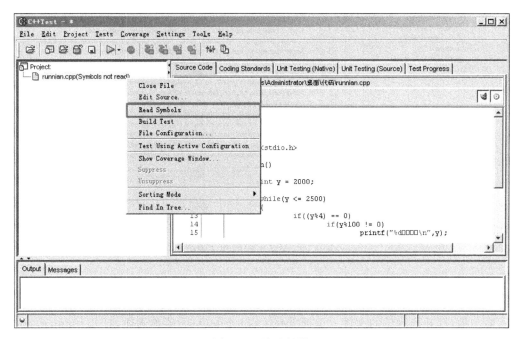

图 7.11　读取符号

图 7.12　符号读取过程

第3步，选择已设置好的测试规范，执行静态测试。可通过4种方式选择前文已设置的工程默认的 NiceToHaveRules 规范，并执行静态测试。

方式1，选择 Tests｜Test Using｜Active Configuration(NiceToHaveRules)菜单选项；

方式2，选择 Tests｜Test Using｜Configurations｜Project｜NiceToHaveRules 菜单选项；

方式3，单击工具栏中的 ▷ 图标，选择 Test Using｜Active Configuration(NiceToHaveRules)菜单选项；

方式4，单击工具栏中的 ▷ 图标，选择 Test Using｜Configurations｜Project｜NiceToHaveRules 菜单选项。

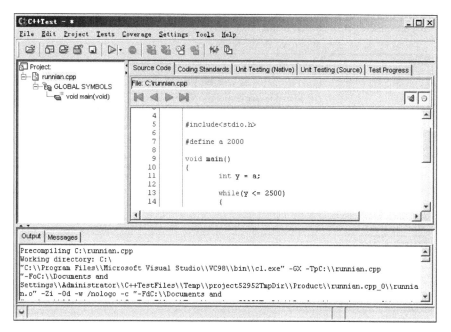

图 7.13　显示分析结果

　　在此,以方式 1 为例进行讲解。静态测试执行过程中,将显示测试进度,如图 7.14 所示。

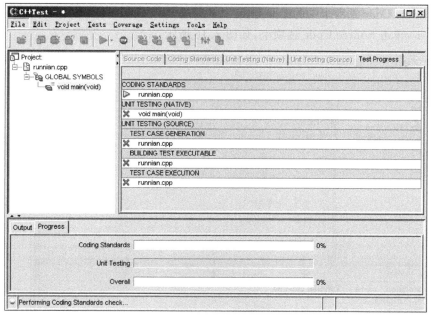

图 7.14　静态测试进度

　　静态测试成功执行后,将显示静态测试结果,如图 7.15 所示。C++ Test 列举了被测程序与已设置的静态测试规则不符的所有地方,并给出详细的注解信息,静态测试结果有助于尽快地定位错误并对被测程序进行改进。

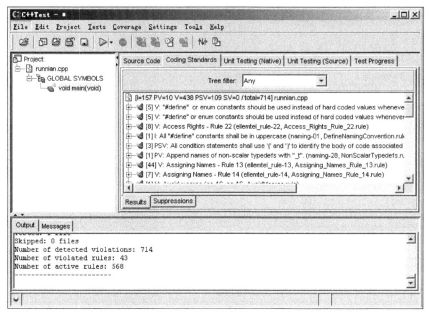

图 7.15 静态测试结果

任务 3：分析 C++ Test 静态测试结果

结合 Source Code 选项卡及 Coding Standards 选项卡对图 7.15 所示静态测试结果进行分析。

1）Source Code 选项卡中的结果分析

第 1 步，单击 Source Code 选项卡，如图 7.16 所示。

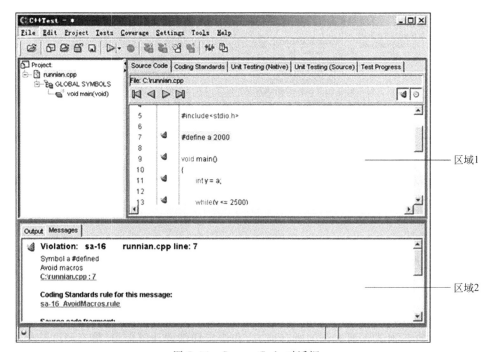

图 7.16 Source Code 对话框

区域 1：显示被测代码及静态测试结果，当代码被选中时，被选代码以蓝色背景的形式呈现，界面美观友好。在此对话框中可清晰查看静态测试的结果，源代码左侧的 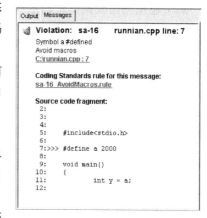图标表示当前行的代码在静态测试时违反了规则。

区域 2：显示静态测试的输出及详细结果分析信息，如问题代码违反规范的原因以及源代码链接（如 C:\runnian.cpp:7）、示例链接（例如 sa-16 AvoidMacros.rule）等。

第 2 步，选择问题代码。在图 7.16 的区域 1 中单击违反规范的代码行（如第 7 行），查看 Message 窗口中对应的详细信息，如图 7.17 所示。

第 3 步，分析问题代码。单击图 7.17 所示的 sa-16 AvoidMacros.rule 规则链接，显示图 7.18 所示的规则详细信息，其中记载了以下 3 个方面的主要信息。

图 7.17　问题代码的详细信息
_Source Code 选项卡

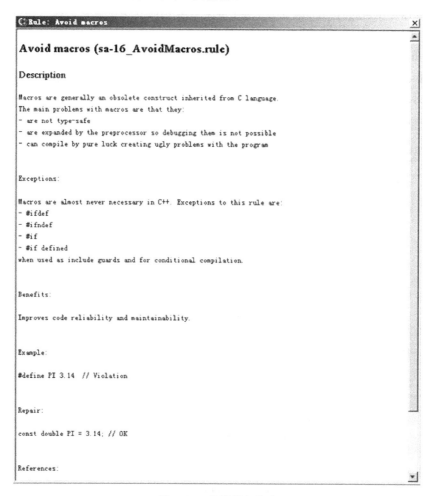

图 7.18　规则详细信息

（1）规则含义解释。

（2）遵循当前规则的正确示例。

（3）违反当前规范的错误示例。

参照图 7.18 中的说明，需将"#define a 2000"修改为"const double a＝2000；"，可尝试修改后，重新进行 C++ Test 静态测试，不难发现，该问题已解决。

注意：在图 7.16 中的区域 1 右击，可弹出如图 7.19 所示的快捷菜单，可在快捷菜单中选择相关命令进行相关操作。各菜单命令介绍如下。

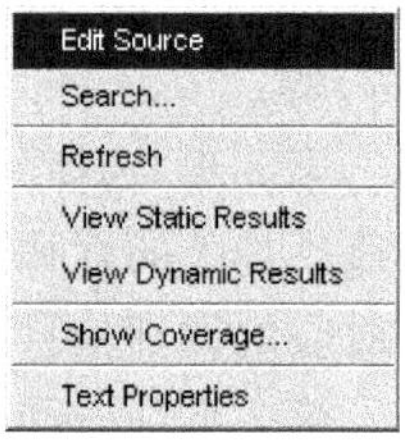

（1）Edit Source：编辑源代码，可进入代码编辑对话框。

（2）Search：搜索，用于搜索特定代码。

（3）Refresh：更新，用于更新被测代码。

（4）View Static Resulits：查看静态测试结果，可切换至 Coding Standards 选项卡查看静态分析结果

（5）View Dynamic Resulits：查看动态测试结果，可切换至 Unit Testing(Native)选项卡查看动态分析结果。

图 7.19　快捷菜单

（6）Show Coverage：显示覆盖率，用于查看源代码的测试覆盖率。

（7）Text Properties：文本属性，用于设置代码颜色、字体类型等属性。

2）Coding Standards 选项卡中的结果分析

第 1 步，单击 Coding Standards 选项卡，显示了所有违反规范的代码信息，如图 7.20 所示，默认显示 Results 信息。具体介绍如下。

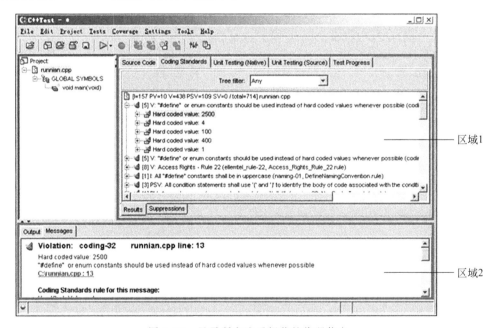

图 7.20　显示所有违反规范的代码信息

区域 1 用于显示执行 C++ Test 静态测试后的测试结果，依据规则类型分类列举了违反规则的问题代码，并进行了不同级别问题的数量统计。

图 7.20 中所示的测试规则依据 I、PV、V、PSV 及 SV 5 个不同的严重级别进行了归类，

并统计了各类别的问题代码数及违反规则的总代码数。当前实例情况如下。

(1) 157 个 I 级别的问题。

(2) 10 个 PV 级别的问题。

(3) 438 个 V 级别的问题。

(4) 109 个 PSV 级别的问题。

(5) 0 个 SV 级别的问题。

(6) 问题总数达到 714 个。

此外,如图 7.21 所示,C++ Test 依据不同的规则内涵将问题代码进行了归类显示,单击每个类别前的 ⊞ 图标将其展开后,还可查看具体是哪一行违反了规则。

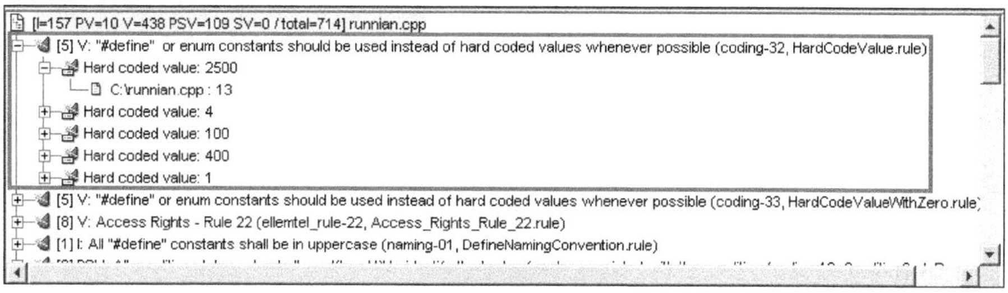

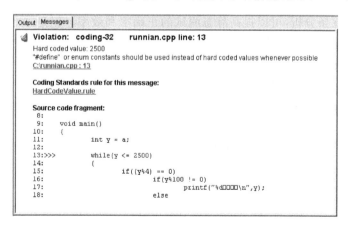

图 7.21　问题代码归类显示

区域 2 用于显示静态测试的输出及详细结果分析信息,可参考 Source Code 选项卡中的结果分析,不再赘述。

第 2 步,选择问题代码。在图 7.20 的区域 1 中单击带有 ⬚ 图标的内容行(如 ⊞⬚ Hard coded value: 2500),查看 Message 窗口中对应的详细信息,如图 7.22 所示。

图 7.22　问题代码的详细信息_Coding Standards 选项卡

第 3 步,分析问题代码。单击图 7.22 所示的 HardCodeValue. rule 规则超链接,显示图 7.23 所示的规则详细信息,可参考 Source Code 选项卡中的结果分析,不再赘述。

参照图 7.23 中的说明进行修改即可,可参考 Source Code 选项卡中的结果分析,不再赘述。

综上所述,C++ Test 针对每条规范都给出了详细的说明和示例,通过对静态测试中检

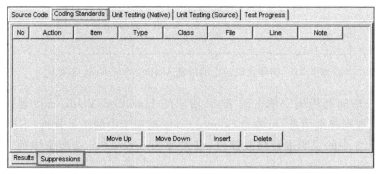

```
Rule: "#define" or enum constants should be used instead of hard coded values when...

"#define" or enum constants should be used instead of hard coded values
whenever possible (HardCodeValue.rule)

Description

Description:
This rule checks whether you are avoiding using hard coded values.
Using #define or enum constants rather than hard coded values promotes the maintainability of 'C' code
by creating a localized area for changes.

Benefits:
Readability and maintainability.

Example:
#define buff 256
#define OK 1
enum color
{
    RED = 0,
    BLUE = 1,
    GREEN = 2
    /*...*/
};

void foo()
{
    int tabColorsNew[256];    // Violation
    int tabColors[buff];
    if ( tabColors[0] == 1 ) // Violation
    {
        /*...*/
    }
}
```

图 7.23　规则详细信息

测到的问题进行逐条分析,可以提高静态测试的正确率和效率。但是,C++ Test 的静态测试仅仅是依据设置的测试规范对源代码进行扫描。因此不难理解,选取的规范不同,得到的结果也会存在差异。

任务 4:测试规则的限制

在 Coding Standards 选项卡下,可由 Results 信息显示切换至 Suppression 信息显示,如图 7.24 所示。显示 Suppression 信息时可进行规则的限制,从而进一步快速筛选规则。例如,限制 V 级别规范的应用,可通过以下步骤开展。

| Source Code | Coding Standards | Unit Testing (Native) | Unit Testing (Source) | Test Progress |

No	Action	Item	Type	Class	File	Line	Note

Move Up　Move Down　Insert　Delete

Results | Suppressions

图 7.24　Coding Standards 选项卡中显示 Suppression 信息

第 1 步,单击 Insert 按钮,可插入一条限制规则,如图 7.25 所示。

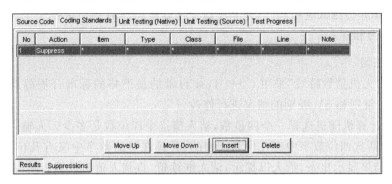

图 7.25　插入限制规则

第 2 步,单击 Type 字段,在弹出的下拉菜单中选择 V,可设置 V 类型限制规则,如图 7.26 所示。

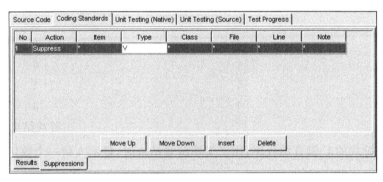

图 7.26　设置 V 类型限制规则

第 3 步,切换至显示 Results 信息观察测试结果的变化,如图 7.27(添加限制规则前)和图 7.28(添加限制规则后)所示。

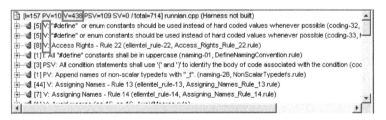

图 7.27　添加限制规则前

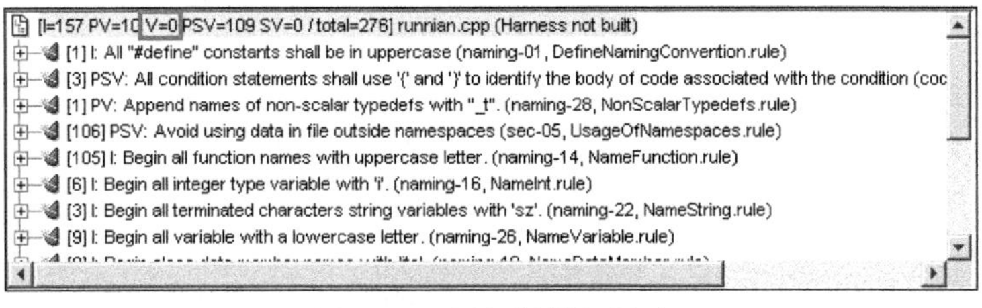

图 7.28　添加限制规则后

可见,进行测试规则的限制有助于尽快分析及定位所关注的问题。

C++ Test 静态测试应用甚广,并非一篇文字就能将所有知识讲授完全,读者应结合实际情况不断学习和探索。

4. 拓展练习

(1) 针对"人机猜数游戏"采用 C++ Test 自带的最严格的标准开展静态测试,并针对测试结果中 V 级别和 SV 级别的情况进行修改。

需求:由计算机随机选择一个四位数,请人猜这个四位数是多少。人输入四位数字后,计算机首先判断这四位数字中有几位是正确的,并且在对的数字中又有几位数字的位置也是正确的,将结果显示出来,给人以提示,请人继续猜,直到人猜出计算机随机选择的四位数是多少为止。

例如,计算机随机选择了 1234 这个四位数,可能的提示如下:

人猜的整数	计算机判断有几位数字正确	有几位数字的位置正确
1122	2	1
3344	2	1
3312	3	0
4123	4	0
1243	4	2
1234	4	4

游戏结束

以下为该游戏的 C 语言源程序,用于实现游戏结束时,显示人猜一个数用了几次。

源程序:

```c
#include<stdio.h>
#include<stdlib.h>

void bhdy(int s,int b);
void prt();
int a[4],flag,count;

void main()
{
    int b1,b2,i,j,k=0,p,c;
    printf("Game guess your number in mind is ####.\\n");
    for(i=1;i<10&&k<4;i++)              //分别显示 4 个一位数,确定 4 位数字的组成
    {
        printf("No.%d:your number may be:%d%d%d%d\\n",++count,i,i,i,i);
        printf("How many digits have bad correctly guessed:");
        scanf("%d",&p);                //手工输入一个 4 位数
        for(j=0;j<p;j++)
            a[k+j]=i;                  //a[]:存放已确定数字的数组
        k+=p;                          //k:已确定的数字个数
```

```c
    }
    if(k<4)                                  //自动计算四位数中正确数字的个数
        for(j=k;j<4;j++)
            a[j]=0;
        i=0;
    printf("No.%d:your number may be:%d%d%d%d\\n",++count,a[0],a[1],a[2],a[3]);
    printf("How many are in exact positions:");          //顺序显示该四位数中的每位数字
    scanf("%d",&b1);                          //人输入的四位数中,有几位数字的位置是正确的
    if(b1==4){prt();exit(0);}                 //四位正确,打印结果,结束游戏
    for(flag=1,j=0;j<3&&flag;j++)             //实现四个数字的两两交换
        for(k=j+1;k<4&&flag;k++)
            if(a[j]!=a[k])
            {
                c=a[j];a[j]=a[k];a[k]=c;    //将 a[j]与 a[k]交换
                printf("No.%d:Your number may be: %d%d%d%d\\n",++count,a[0],a[1],
                a[2],a[3]);
                printf("How many are in exact positins:");
                scanf("%d",&b2);             //输入有几个数字的位置正确
                if(b2==4){prt();flag=0;}    //若全部正确,结束游戏
                else if(b2-b1==2)bhdy(j,k);
                else if(b2-b1==-2)
                {
                    c=a[j];a[j]=a[k];a[k]=c;
                    bhdy(j,k);
                }
                else if(b2<=b1)
                {
                    c=a[j];a[j]=a[k];a[k]=c;
                }
                else b1=b2;
            }
        if(flag) printf("You input error!\\n");
}

void prt()
{
    printf("Now your number must be %d%d%d%d.\\n",a[0],a[1],a[2],a[3]);
    printf("Game Over\\n");
}

void bhdy(int s,int b)
{
    int i,c=0,d[2];
    for(i=0;i<4;i++)                          //查找 s 和 b 以外的两个元素下标
```

```
        if(i!=s&&i!=b)
            d[c++]=i;
    i=a[d[1]];a[d[1]]=a[d[0]]; a[d[0]]=i;    //交换除 a[s]和 a 以外的两个元素
    prt();
    flag=0;
}
```

（2）在练习（1）的基础上，限制 V 和 SV 级别的规则的使用，体会限制规则的作用。

实验 8 C++ Test 动态测试

1. 实验目标
- 理解 C++ Test 动态测试理论。
- 能够使用 C++ Test 进行动态测试。
- 能够分析动态测试结果。
- 能够进行测试用例添加与修改。

2. 背景知识

C++ Test 不仅在静态测试领域表现出强大的功能,在动态测试领域也有出色的表现。

本实验重点介绍 C++ Test 动态测试。什么是动态测试? 动态测试是指通过运行被测程序,检查运行结果与预期结果的差异,并分析运行效率和健壮性等问题。静态测试强调的是不执行程序,仅通过分析、与规范比对来发现问题;与静态测试相比,动态测试强调的是执行程序,通过执行测试用例去校验程序实际运行结果与预期结果的差异来发现缺陷。

C++ Test 提供了一种有效并且高效的动态测试方式,自动完成代码的动态测试,重点体现在白盒测试及黑盒测试两方面。

(1) 白盒测试领域,C++ Test 完全自动执行所有的白盒测试过程。例如,自动生成和执行精心设计的测试用例;自动生成桩函数或允许自行编写桩函数;允许设定测试用例及执行层次;自动标记任何运行失败,并以简单的图示化结构显示;自动保存测试用例,以便灵活用于今后的回归测试。

(2) 黑盒测试领域,C++ Test 可自动生成测试用例的核心集合,通过自动进行黑盒测试的大部分操作,大大减轻了黑盒测试的负担。例如,仅需简单地输入测试用例输入数据,即可让 C++ Test 运行测试用例并自动确定实际的输出结果,若输出结果正确,无须其他操作;若结果不正确,则可输入预期的输出结果。与单纯手工输入每个测试用例相比,可大大提高工作效率。

除此之外,C++ Test 还可协助进行自动化的回归测试。

C++ Test 动态测试的开展以单元测试方式进行,可分为 Source 和 Native 两种类型,分别对应 Unit Testing(Native) 及 Unit Testing(Source) 选项卡。Source 和 Native 两种开展方式虽对应不同的 Unit Testing(Native) 及 Unit Testing(Source) 选项卡,但两者本质相同,均分为测试设置、测试执行和测试结果分析 3 个步骤进行。两者的唯一区别是 Source 方式可直接编辑 C++ Test 生成的测试用例源代码,而 Native 方式则通过文本框形式提供了输入和预期输出结果的编辑入口,比 Source 方式下进行测试用例的编辑更加简便。

下面以 Unit Testing(Native) 为例,针对 divide_by_zero.cpp 源程序文件进行动态测试过程的介绍。

注意:divide_by_zero.cpp 为 C++ Test 工具自带实例,可在默认安装目录的 examples 文件夹下找到该文件。

源程序：

```cpp
//定义枚举型常量,分别代表求和按钮、求平均值按钮和清除按钮
enum Buttons {BUTTON_SUM, BUTTON_AVRG, BUTTON_CNCL};
//实现数组各数值求和操作
int get_sum(int * data, unsigned int size) {
    //missing checking if 'data' exists
    int sum=0;

    for(int i=0; i<size; i++) {
        sum+=data[i];
    }
    return sum;
}
//实现求平均值操作
int get_average_int(int * data, int size) {
    int sum=get_sum(data, size);
    //missing 'size' value checking
    int average=sum /size;
    return average;
}
//基于用户的按钮选择进行各函数的调用
int user_input_handler(Buttons userChoice, int * data, int size) {
    int result=0;
    switch(userChoice) {
        case BUTTON_SUM:
            result=get_sum(data, size);
            break;
        case BUTTON_AVRG:
            result=get_average_int(data, size);
            break;
        default:
            break;
    }
    return result;
}
```

3. 实验任务

任务 1：进行 C++ Test 动态测试设置

第 1 步,打开 C++ Test 动态测试设置对话框。选择 Tests｜Test Configurations 菜单选项,打开 Test Configurations 对话框,如图 8.1 所示,选择左侧测试规范树中的 Project｜NiceToHaveRules 规范。

第 2 步,设置 Analysis Flow 选项卡中的内容。在 Analysis Flow 选项卡下,勾选 Enable Unit Testing 复选框,使 Use native test cases 被启用,如图 8.2 所示。

第 3 步,设置 Analysis Settings 选项卡中的内容。切换至 Analysis Settings｜Unit

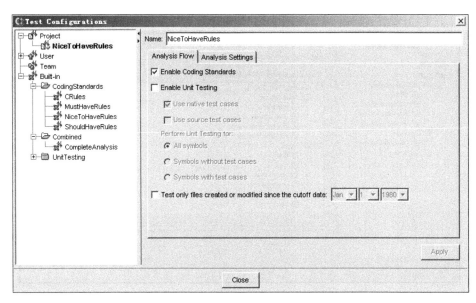

图 8.1   Test Configurations 对话框

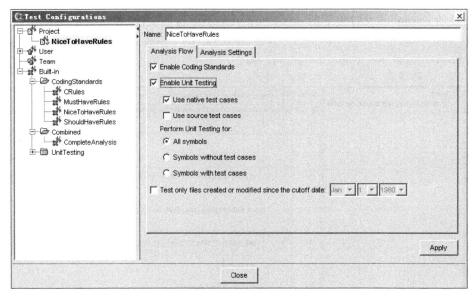

图 8.2   设置 Analysis Flow 选项卡中的内容

Testing(Native)选项卡,如图 8.3 所示,设置 Unit Testing(Native)相关参数。此处使用默认配置。

注意:在 Test Configurations 对话框中,若左侧测试规范树中的 Project 下无 NiceToHaveRules 规范,则可参照实验 7 中的内容进行添加和激活。

C++ Test 动态测试设置完成后,即可开始对被测代码进行动态测试。

任务 2:执行 C++ Test 动态测试

C++ Test 动态测试的执行简便、快捷,具体过程如下。

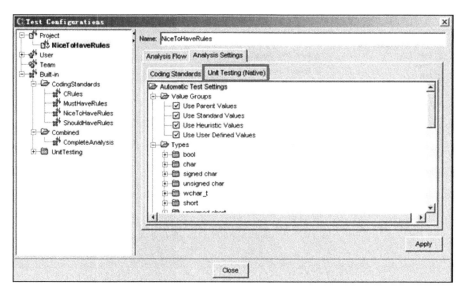

图 8.3　设置 Analysis Settings 选项卡中的内容

第 1 步,打开待测试的文件。选择 File|Open File(s)...菜单选项,打开 C ++ Test 默认安装路径的 examples 文件夹下的 divide_by_zero. cpp 待测文件,如图 8.4 所示。

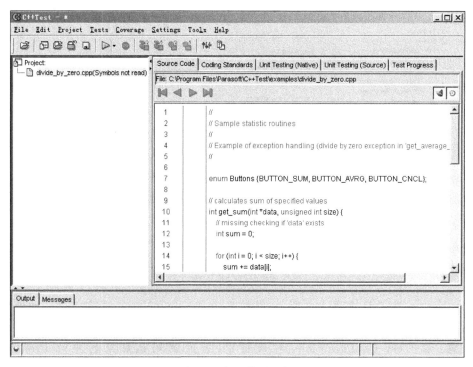

图 8.4　打开待测文件

第 2 步,读取符号。如图 8.5 所示,选择 divide_by_zero. cpp(Symbols not read),右击,从弹出的快捷菜单中选择 Read Symbols 菜单选项,C ++ Test 将分析当前源程序,完成最初的词法分析,分析结果将在 Output 窗口中显示。

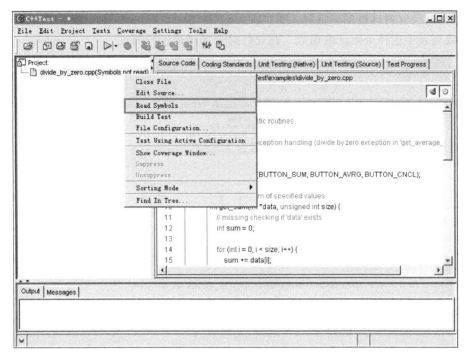

图 8.5　读取符号

第 3 步,创建测试。如图 8.6 所示,选择 divide_by_zero.cpp(Symbols not read),右击,从弹出的快捷菜单中选择 Build Test 菜单选项,C++ Test 将自动建立测试环境,包括测试驱动程序及桩模块等。

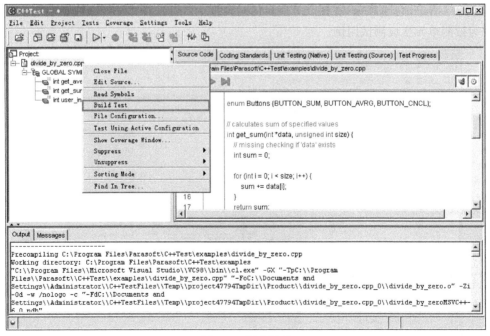

图 8.6　创建测试

第 4 步,设置测试范围。选择 Unit Testing(Native)|Suppression 选项卡,在图 8.7 所示的函数列表中选择待测试的函数。此处针对全部函数进行测试。

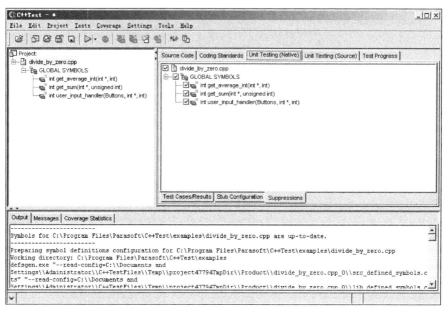

图 8.7 设置测试范围

注意:在 Unit Testing(Native)|Suppression 选项卡下,可进行测试范围的选择,即可限制不被测的函数或方法,从而进行有针对性的高效测试。

第 5 步,为测试单元生成测试用例。在测试选项卡区域,选择 Unit Testing(Native)|Test Cases/Results 选项卡,在图 8.8 所示的对话框中右键选择 Generate Test Cases 菜单,实现为被测单元生成测试用例。

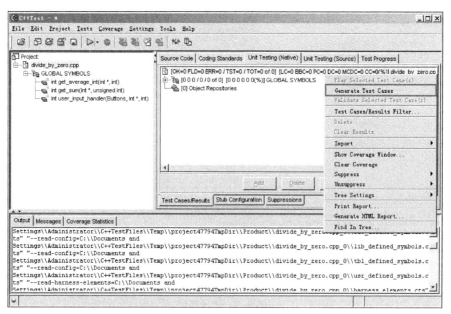

图 8.8 生成测试用例

第6步,查看 C++ Test 自动生成的测试用例的测试结果,如图 8.9 所示。

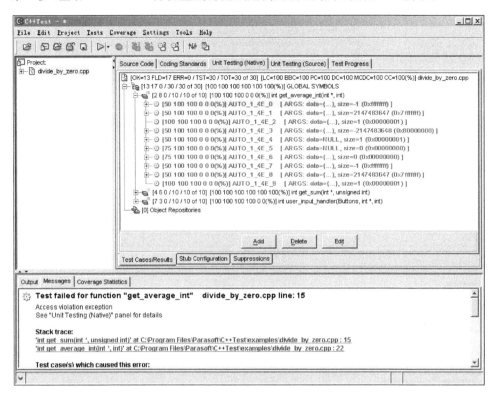

图 8.9 自动生成的测试用例的测试结果

可见,C++ Test 为 int get_sum(int * data,unsigned int size)、int get_average_int(int * data,int size) 及 int user_input_handler(Buttons userChoice,int * data,int size) 函数自动生成了输入参数的值和预期输出结果,且测试用例生成后,Unit Testing(Native)会自动执行。

任务 3:分析 C++ Test 动态测试结果

结合 Source Code 选项卡及 Unit Testing(Native)选项卡对图 8.9 所示测试结果进行分析。

1) Source Code 选项卡中的结果分析

第1步,单击 Source Code 选项卡,如图 8.10 所示。

区域 1:显示被测代码及动态测试结果,当代码被选中时,被选代码以蓝色背景的形式呈现,界面美观友好。在此对话框中可清晰查看动态测试的结果。源代码左侧的 图标,表示当前行的代码在动态测试中出现缺陷。

区域 2:显示动态测试的输出及详细结果分析信息,如问题代码的栈跟踪情况以及导致该问题产生的相关用例等。

第2步,选择问题代码。在图 8.10 所示的区域 1 中单击违反规范的代码行(如第 15 行),查看 Message 窗口中对应的详细信息,如图 8.11 所示。

第3步,查看问题代码涉及用例。单击图 8.11 所示的"Test case(s) which caused this error:"下的用例链接,如:6.(*)AUTO 1 4E 4 [ARGS:data = NULL,size =

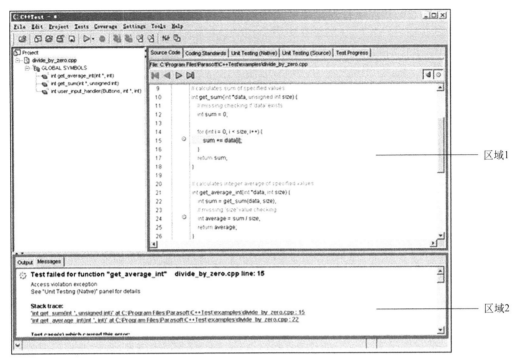

图 8.10 Source Code 对话框

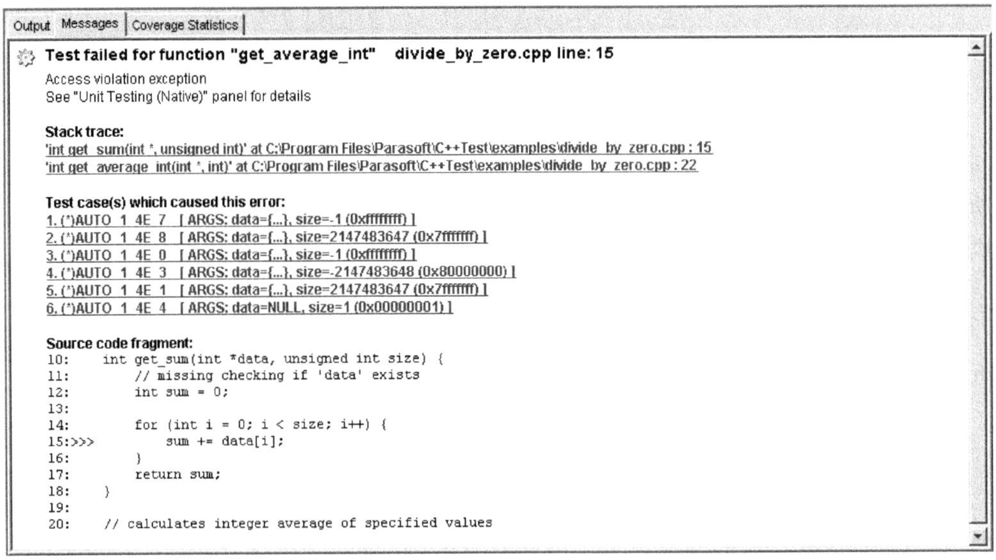

图 8.11 问题代码的详细信息_Source Code 选项卡

1(0x00000001)]，显示图 8.12 所示的测试用例的相关信息，其中可分为 3 个主要区域。

区域 1：显示测试用例详细信息，可包含 Arguments(参数)、Arguments Post(参数出口条件)、Return(返回值)、Pre Conditions(前置条件)、Post Conditions(后置条件)等，待测程序不同，此区域的显示存在差异。

区域 2：显示对象库。

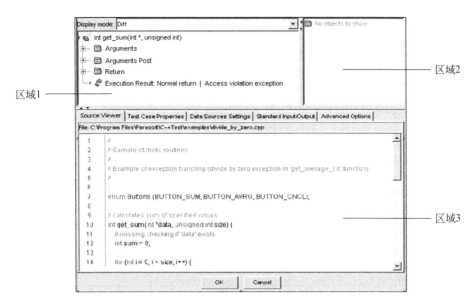

图 8.12　测试用例的相关信息

区域 3：显示源代码、测试用例属性及数据源等相关设置。

经分析可知,此用例 6.（＊）AUTO 1 4E 4 ［ARGS：data＝NULL,size＝1(0x00000001)］中输入值 data 为空,即指针为空,未对指针进行保护,则必然出现异常。据此在原有代码中增加如下代码,此代码问题解决。

```
if(!data)
{
    return 0;
}
```

2）Unit Testing(Native)选项卡中的结果分析

第 1 步,单击 Unit Testing(Native)选项卡,显示了所有生成的测试用例及测试用例执行信息,如图 8.13 所示,默认显示 Test Cases/Results 选项卡。具体介绍如下。

区域 1：显示 C++ Test 动态测试结果,针对不同函数进行了测试用例的生成及执行,并依据测试用例的执行情况和被测代码覆盖程度进行了数量统计。

（1）测试用例执行情况依据以下 5 种类别进行了数量统计。

- OK：标示通过测试的用例数。
- FLD：Failed,表示未通过测试的用例数。
- ERR：Error,表示出错的测试用例数。
- TST：Tested,表示已执行的测试用例数。
- TOT：Total,表示生成的测试用例总数。

（2）被测代码覆盖程度依据以下 6 种类别进行了数量统计。

- LC：Line Coverage,表示语句覆盖。
- BBC：Basic Block Coverage,表示语句块覆盖。
- PC：Path Coverage,表示路径覆盖。

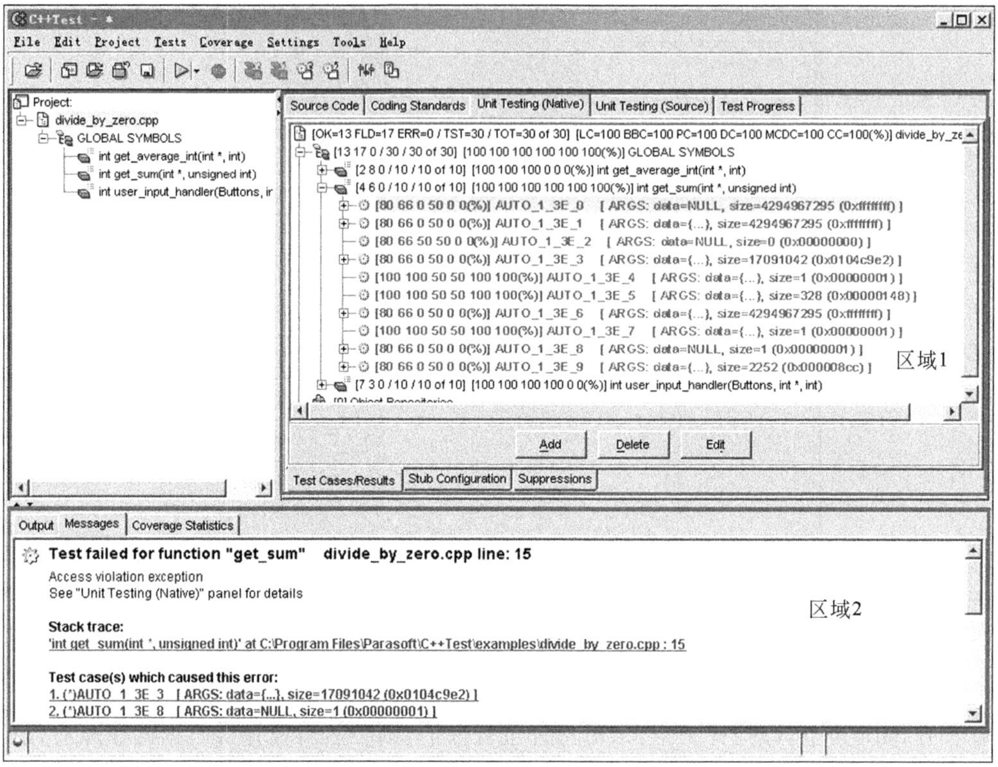

图 8.13　显示所有生成的测试用例及测试用例执行信息

- CC：Condition Coverage，表示条件覆盖。
- DC：Decision (Branch) Coverage，表示判定(分支)覆盖。
- MC/DC：Modified Condition/Decision Coverage，表示修正条件判定覆盖。

注意：上述部分覆盖类型在实验 3 中已有介绍。上述方法是白盒测试方法的逻辑覆盖方法中的重要成员，目前已在软件测试中广泛应用，尤其 MC/DC 更是被很多大型软件测试所应用，如飞行控制软件的测试等。

此外，C++ Test 针对不同函数进行了测试用例的生成及执行，如图 8.14 所示，显示了所有生成的测试用例及测试用例执行信息，针对未执行通过的测试用例(即红色的测试用例)可单击⊞图标将其展开后，进一步查看具体分析情况。

值得提醒的是，图 8.14 中，红色测试用例表示执行中发现了缺陷，绿色测试用例表示执行通过；AUTO 关键字标识的用例表示是由 C++ Test 自动生成的(如 AUTO_1_3E_0 [ARGS:data=()，size=4294967295(0xffffffff])，USER 关键字标识的用例表示 C++ Test 使用者手工创建的(如 USER_1_3E_39 [ARGS:data=random，size=random])。

区域 2：显示动态测试的输出及详细结果分析信息，可参考 Source Code 选项卡中的结果分析，不再赘述。

第 2 步，选择未执行通过的测试用例。在图 8.13 所示的区域 1 中单击带有图标的红色测试用例(如 AUTO_1_3E_24)，可查看该用例执行的具体分析情况，如图 8.15 所示，并可查看 Message 窗口中对应的详细信息，如图 8.16 所示。

```
[OK=13 FLD=17 ERR=0 / TST=30 / TOT=30 of 30] [LC=100 BBC=100 PC=100 DC=100 MCDC=100 CC=100(%)] divide_by_zero.cpp
  [13 17 0 / 30 / 30 of 30]  [100 100 100 100 100 100(%)] GLOBAL SYMBOLS
    [2 8 0 / 10 / 10 of 10]  [100 100 100 0 0 0(%)] int get_average_int(int *, int)
    [4 6 0 / 10 / 10 of 10]  [100 100 100 100 100 100(%)] int get_sum(int *, unsigned int)
      [80 66 0 50 0 0(%)] AUTO_1_3E_0    [ ARGS: data=NULL, size=4294967295 (0xffffffff) ]
        Post condition failed for execution result type:
        expected type:   Normal return
        obtained type:   Access violation exception

        Access violation exception
          at C:\Program Files\Parasoft\C++Test\examples\divide_by_zero.cpp : 15

        Stack trace:
          'int get_sum(int *, unsigned int)' at C:\Program Files\Parasoft\C++Test\examples\divide_by_zero.cpp : 15

      [80 66 0 50 0 0(%)] AUTO_1_3E_1    [ ARGS: data={...}, size=4294967295 (0xffffffff) ]
      [80 66 50 50 0 0(%)] AUTO_1_3E_2   [ ARGS: data=NULL, size=0 (0x00000000) ]
      [80 66 0 50 0 0(%)] AUTO_1_3E_3    [ ARGS: data={...}, size=17091042 (0x0104c9e2) ]
      [100 100 50 50 100 100(%)] AUTO_1_3E_4  [ ARGS: data={...}, size=1 (0x00000001) ]
      [100 100 50 50 100 100(%)] AUTO_1_3E_5  [ ARGS: data={...}, size=328 (0x00000148) ]
      [80 66 0 50 0 0(%)] AUTO_1_3E_6    [ ARGS: data={...}, size=4294967295 (0xffffffff) ]
      [100 100 50 50 100 100(%)] AUTO_1_3E_7  [ ARGS: data={...}, size=1 (0x00000001) ]
```

图 8.14　已生成的测试用例及用例执行信息

```
  [7 3 0 / 10 / 10 of 30]  [100 100 100 100 100 100(%)] int get_sum(int *, unsigned int)
    [80 66 50 50 0 0(%)] AUTO_1_3E_20    [ ARGS: data=NULL, size=0 (0x00000000) ]
    [80 66 50 50 0 0(%)] AUTO_1_3E_21    [ ARGS: data=0, size=0 (0x00000000) ]
    [100 100 50 50 100 100(%)] AUTO_1_3E_22  [ ARGS: data={...}, size=1 (0x00000001) ]
    [100 100 50 50 100 100(%)] AUTO_1_3E_23  [ ARGS: data={...}, size=1 (0x00000001) ]
    [80 66 0 50 0 0(%)] AUTO_1_3E_24     [ ARGS: data={...}, size=4294967295 (0xffffffff) ]
      Post condition failed for execution result type:
      expected type:   Normal return
      obtained type:   Access violation exception

      Access violation exception
        at C:\Program Files\Parasoft\C++Test\examples\divide_by_zero.cpp : 15

      Stack trace:
        'int get_sum(int *, unsigned int)' at C:\Program Files\Parasoft\C++Test\examples\divide_by_zero.cpp : 15
```

图 8.15　用例执行的具体分析情况

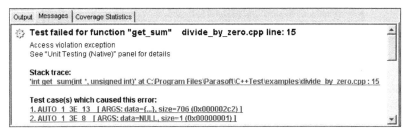

图 8.16　测试结果详细信息

第 3 步,分析未执行通过的测试用例。在图 8.13 所示的区域 1 中单击 Edit 按钮,打开 Test Case Editor 对话框进行测试用例编辑,如图 8.17 所示。

由图 8.17 可知,该用例生成的输入 data[i]、size 分别为 0、4 294 967 295。可见,对于只有一维的数组,却加了 4 294 967 265 次,显然 size 发生越界。可据此进行代码修改并重新测试,直至执行当前测试用例由红色转变为绿色时,表明缺陷成功修复。

除此之外,被测程序中还存在多种问题,如未对指针进行保护、i 与 size 类型不匹配等。仔细分析 C++ Test 动态测试结果,可逐一发现这些问题。

任务 4：手工创建测试用例

值得提醒的是,若 C++ Test 自动生成的测试用例不能满足项目测试需要,则可通过手

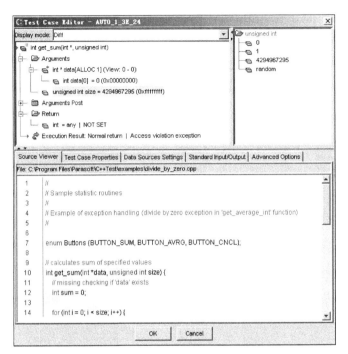

图 8.17　编辑测试用例

工创建测试用例以进行补充。例如添加一条测试用例,用于验证当"data[0]=2147483647,size=1"时,sum=2147483647 是否成立。具体步骤如下。

第 1 步,在图 8.13 所示的区域 1 中单击 Add 按钮,打开图 8.18 所示的对话框添加测试用例。

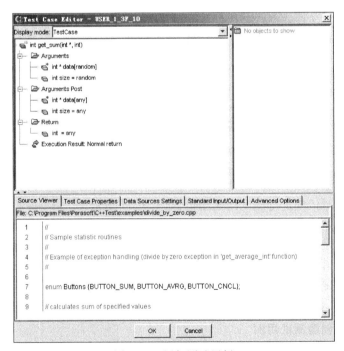

图 8.18　添加测试用例

第2步，设置测试用例详细信息，如图8.19所示。

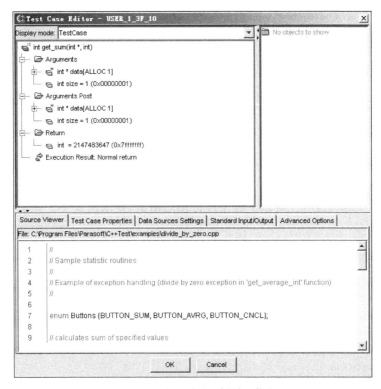

图 8.19　设置测试用例详细信息

第3步，查看手工添加的测试用例。在图8.19中单击 OK 按钮，一条测试用例添加成功，返回至图8.20所示对话框。

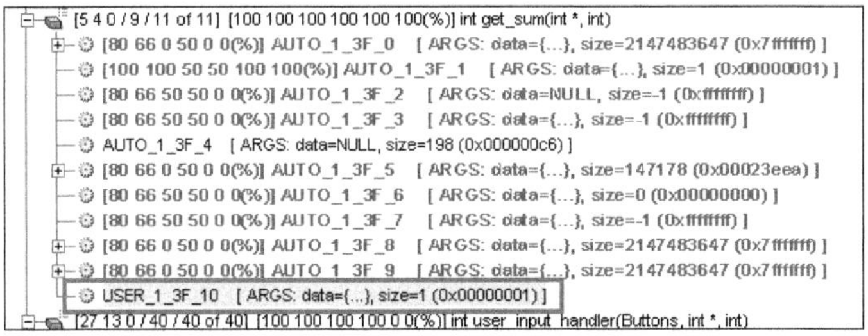

图 8.20　手工添加的测试用例

第4步，执行添加的测试用例。单击新添加的用例，右击，选择 Play Selected Test Case(s)菜单选项，如图8.21所示。

第5步，查看测试用例执行结果。测试用例执行后，结果显示为- [1000 1000 50 50 1000 100(%)] USER_1_3F_10 [ARGS:data={...},size=1（0x00000001)]，显然，该用例执行通过。

C++ Test 动态测试的开展，尤其需要手工添加测试用例的测试中，对测试人员编写代码的能力有较高要求，请结合自身情况拓展学习。

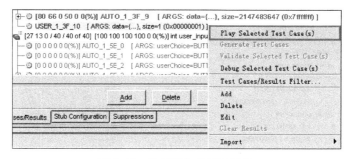

图 8.21 执行添加的测试用例

4. 拓展练习

借助 C++ Test 工具,针对以下程序进行动态测试,要求至少手工添加 1 条测试用例,并执行测试。

源程序:

```
#define SIZE 88
int user_input_handler(int i)
{
    int result=0;
    if(i>SIZE)
      result=-1;
    else if(i<33)
      result=1;
        return result;
}
```

实验 9　C++ Test 的回归测试

1. 实验目标

- 理解 C++ Test 回归测试理论。
- 能够使用 C++ Test 进行回归测试。

2. 背景知识

针对源程序进行动态测试后,C++ Test 自动生成一批测试用例,依据执行失败的测试结果对源程序进行修改后,即生成了一个新的代码版本,如何针对新的代码版本重新开展测试呢? 曾执行失败的测试用例在新的代码版本中是否可通过检验呢?

答案很简单,回归测试即可解决上述问题。什么是回归测试? 回归测试是对修改后的软件代码所形成的新版本进行的重新测试。一般情况下,回归测试基于以下两个目的开展:第一,验证已修复的软件缺陷是否真的已解决;第二,验证缺陷被修复的同时,是否能确保以前所有运行正常的功能依旧保持正常,而不受到此次代码修改的影响。

C++ Test 功能强大,可较好地支持回归测试。首次测试某个待测程序时,可自动保存其相关测试参数。一旦需要执行回归测试时,可打开合适的项目和文件,运行所有原来的测试用例和相关测试参数,且可告知执行中发现的问题,从而保证了回归测试参数的选取与之前的相关测试参数的一致性等。

充分理解了回归测试之后,不难理解,C++ Test 回归测试是基于 C++ Test 动态测试和源代码修改(依据 C++ Test 动态测试结果进行)而开展的工作。

下面以 cpptest_demo.cpp 源程序文件为例,进行 C++ Test 动态测试、源代码修改、C++ Test 回归测试的介绍。

注意:cpptest_demo.cpp 为 C++ Test 工具自带实例,可在默认安装路径的 examples 文件夹下找到该文件。

3. 实验任务

针对 cpptest_demo.cpp 程序开展动态测试,并对产生的缺陷进行修改,缺陷修改之后再进行回归测试。

第 1 步,动态测试。结合实验 8 的讲解,针对 cpptest_demo.cpp 程序进行动态测试,限于篇幅,不再赘述。执行 C++ Test 动态测试后,生成图 9.1 所示的测试结果。

第 2 步,依据图 9.1 中所示执行失败的测试用例修改源代码。问题源代码如图 9.2 所示,结合 C++ Test 动态测试结果的分析及个人经验,可知需添加判空的校验,如图 9.3 所示。修改成功后,进行源代码保存,即生成了新版本的软件代码。限于篇幅,具体步骤不再赘述。

注意:如图 9.2 所示,未执行通过的用例表明了 copyToBuffer 方法中未进行空值情况的校验。

第 3 步,回归测试。在图 9.1 所示 C++ Test 动态测试结果显示页面中,单击工具栏中

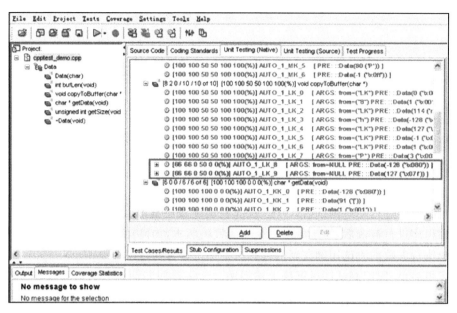

图 9.1　动态测试结果

```
void Data::copyToBuffer(char * from) {
    // argument should be validated - exception thrown if NULL passed
    // off by one error - should use '<' instead of '<='
    const unsigned SZ = getSize();
    for (int i = 0; i <= SZ; ++ i) {
        *(_data + i) = *(from + i);
    }
    _data[SZ - 1] = '\0';
}
```

图 9.2　问题源代码

```
void Data::copyToBuffer(char * from) {
    // argument should be validated - exception thrown if NULL passed
    // off by one error - should use '<' instead of '<='
    const unsigned SZ = getSize();
    if (NULL!=_data && NULL!=from)        //添加判断是否为空
    {
        for (int i = 0; i <= SZ; ++ i) {
            *(_data + i) = *(from + i);
        }
        _data[SZ - 1] = '\0';
    }                                      //添加
}
```

图 9.3　修改后的源代码

的 ▷圆图标,选择 Test Using|Configurations|Built-in|UnitTesting|RegressionTesting 菜单选项,如图 9.4 所示,自动进行回归测试。

回归测试结果如图 9.5 所示,可见,经过源代码的修改,软件缺陷已被成功修复,即曾执行失败的测试用例,现已执行成功。

读者可在实践中慢慢体会回归测试与动态测试的差异。

4. 拓展练习

针对 C++ Test 工具自带的 divide_by_zero.cpp 程序开展动态测试,并对产生的缺陷进行修改(至少一个),之后进行回归测试,体会回归测试与动态测试的不同。

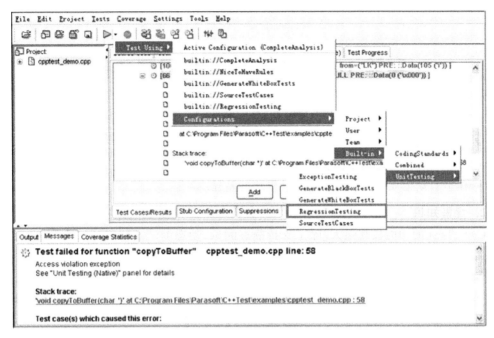

图 9.4 进行回归测试

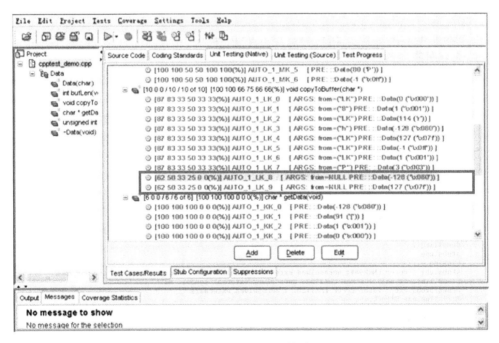

图 9.5 回归测试结果

实验 10　C++ Test 的拓展功能

1. 实验目标

- 了解 C++ Test 桩函数的设置。
- 体验自定义桩模块操作。
- 体会自动生成桩模块与自定义桩模块的差异。

2. 背景知识

C++ Test 的功能极其强大,除了支持静态测试、动态测试及回归测试之外,还可在很多方面为自动化测试的开展带来便利,如自定义桩模块、测试对象库的管理与维护、生成测试报告等。

本实验结合较常用的 C++ Test 功能点,以自定义桩模块为例进行 C++ Test 拓展功能的介绍,旨在激发读者对 C++ Test 进行深入研究的兴趣。

首先体验一个实例。使用 Visual C++ 6.0 打开 stubs.cpp 源代码文件,并进行编译、运行操作。不难发现,编译、运行时报错,如图 10.1 所示。

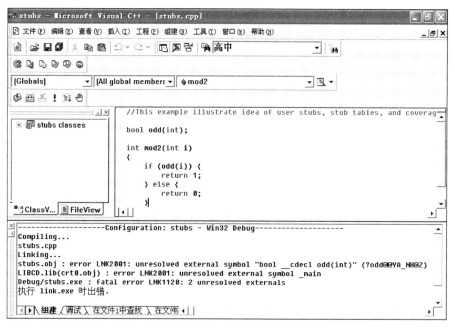

图 10.1　stubs.cpp 编译、运行时报错

对图 10.1 中的 stubs.cpp 源代码进行分析得知: 第一,stubs.cpp 源代码中包含了 odd() 和 mod2() 两个函数;第二,mod2() 函数调用 odd() 函数;第三,odd() 函数仅通过"bool odd (int);"进行了函数声明,并未进行函数定义。显然,mod2() 函数调用尚未定义的 odd() 函数,执行过程必然失败。

之后,在 C++ Test 中打开 stubs. cpp 源代码文件并执行动态测试。不难发现,C++ Test 可成功完成动态测试,为什么动态测试过程不受未定义的 odd( ) 函数的影响? 在 Visual C++ 6.0 中无法运行的程序为什么在 C++ Test 中可顺利开展动态测试? 其原因在于动态测试过程中,C++ Test 自动为 stubs. cpp 源代码构造了桩函数以协助测试的顺利开展,如图 10.2 所示。

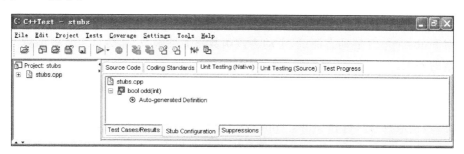

图 10.2　自动构造桩函数

尽管对于桩函数的内涵和作用仍不尽理解,但肯定有一点是了解的,即 C++ Test 是借助桩函数来协助 stubs. cpp 源代码顺利进行动态测试的。

什么是桩函数? 桩函数也称桩模块(Stub),是指用于模拟被测模块工作过程中所调用的模块,通常都是很简单的函数,且仅进行较少的数据处理。例如,函数 A( ) 调用了其他函数 B( ),而函数 B( )由于还没有实现或其他原因无法使用。在单元测试中,要想测试函数 A( ),则无须花费大量精力实现函数 B( ),仅需对函数 B( )进行特定返回值的设置来作为简化后的函数 B( ),以供函数 A( )的测试使用。此时,简化后的函数 B( )即可称作桩函数。

注意:与桩模块对应的是驱动模块,两者经常被对比介绍。驱动模块用于模拟被测试模块的上一级模块,相当于被测模块的主程序。驱动模块需具有如下功能:第一,接收测试数据;第二,将相关数据传送给被测模块;第三,启动被测模块;其四,输出或打印相应的测试结果。

C++ Test 能够在被测代码需要调用但尚未实现或无法访问时,通过生成桩函数以达到能够测试与外部资源操作的交互目的。

桩函数如此重要,如何创建桩函数则显得尤为关键。C++ Test 支持如下两种桩函数创建方式。

(1) C++ Test 自动生成桩函数:用户仅需在 C++ Test 中单击其提供的测试配置,即可针对所选择的源文件或者源工程自动生成桩函数。

(2) 用户自定义桩函数:用户手动编写桩函数,例如自定义桩函数的示例如下。

```
int ::CppTest_Stub_doSomething(int i)
{
return i+10;
}
```

既然 C++ Test 能够为源代码自动生成桩函数,为什么还需要自定义桩函数? 原因在于自定义桩函数的灵活性及实用性更优于自动生成的桩函数,例如,桩函数的返回值可由用户自由控制,更具灵活性。

值得提醒的是,自定义桩函数的执行优先级高于 C++ Test 自动生成的桩函数,因此当两者共存时,若需调整桩函数的返回值,仅需调整自定义桩函数中的值即可。

上述两种不同的桩函数类型中,C++ Test 自动生成桩函数操作简易,在 C++ Test 动态测试过程中即可自动创建桩函数,限于篇幅,不赘述。下面以 stubs.cpp 源代码文件为例,重点介绍如何自定义桩函数。

3. 实验任务

针对 stubs.cpp 开展动态测试,手动为该函数添加桩函数,体会自定义桩函数与手动添加桩函数的差别。

第 1 步,打开待测试的文件。选择 File|Open File(s)…菜单选项,打开 C++ Test 默认安装路径的 examples 文件夹下的 stubs.cpp 待测文件。

第 2 步,读取符号。选择 stubs.cpp(Symbols not read),右击,从弹出的快捷菜单中选择 Read Symbols 菜单选项,C++ Test 将分析当前源程序,完成最初的词法分析,分析结果将显示在 Output 窗口中。

第 3 步,创建测试。选择 stubs.cpp(Symbols not read),右击,从弹出的快捷菜单中选择 Build Test 菜单选项,C++ Test 将自动建立测试环境,包括测试驱动程序及桩模块等。

注意:如图 10.3 所示,选择 Unit Testing(Native)|Stub Configuration 选项卡,可见 C++ Test 自动创建的桩模块。由于尚未进行动态测试,故该桩函数未生效。

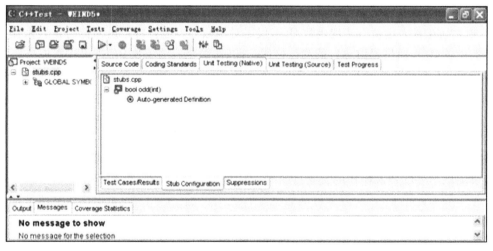

图 10.3 C++ Test 自动创建的桩模块

第 4 步,自定义桩函数。在图 10.3 中选择 bool odd(int)函数,右击,从弹出的快捷菜单中选择 Add User Definition 菜单选项,打开 Stub Configuration Update 对话框,如图 10.4 所示。单击 OK 按钮,打开图 10.5 所示的窗口,可进行桩函数的编写。

第 5 步,编写桩函数,如图 10.6 所示。

结合图 10.7 所示的源代码进行分析,当 mod2()函数调用上述桩函数时,桩函数将返回 true(即真)值给调用本桩函数的 mod2()函数,则 mod2()函数执行后的返回值为 1。可见,此情况下,无论 i 赋为何值,mod2()函数执行后的预期返回值均为 1;反之,假定将当前桩函数内容修改为"return false;",则无论将 i 赋为何值,mod2()函数执行后的预期返回值均

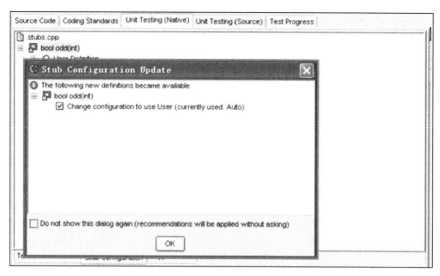

图 10.4　Stub Configuration Update 对话框

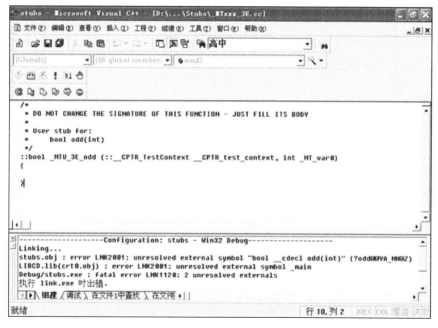

图 10.5　桩函数的编写窗口

为 0。

第 6 步,查看自定义的桩函数。桩函数编写完成并保存成功后,返回至 C++ Test 工具的 Unit Testing(Native)｜Test Cases/Results 选项卡,可查看自定义桩函数,如图 10.8 所示。其中,_MTxxx_3E cc 表示自定义的桩函数文件。

第 7 步,手动添加测试用例。选择 Unit Testing(Native)｜Test Cases/Results 选项卡,单击 Add 按钮,打开编辑测试用例的对话框,如图 10.9 所示。设置 Arguments 中的参数值及 Return 中的返回值,设置完毕,单击 OK 按钮即可。

```
/*
 * DO NOT CHANGE THE SIGNATURE OF THIS FUNCTION - JUST FILL ITS BODY
 *
 * User stub for:
 *     bool odd(int)
 */
::bool _MTU_3E_odd (::__CPTR_TestContext __CPTR_test_context, int _MT_var0)
{
  return true;

}
```

图 10.6　编写桩函数

```
//This example illustrate idea of user stubs, stub tables, and coverage

bool odd(int);

int mod2(int i)
{
    if (odd(i)) {
        return 1;
    } else {
        return 0;
    }
}
```

图 10.7　源代码

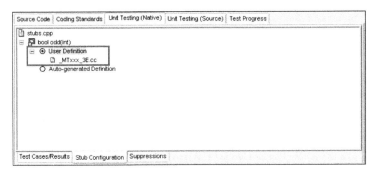

图 10.8　自定义的桩函数

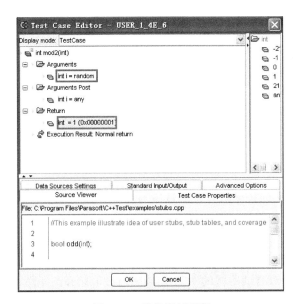

图 10.9　编辑测试用例

注意：图 10.9 中的设置表示无论将 i 赋为何值，mod2()函数执行后的预期返回值均为 1。

第 8 步，执行新添加的测试用例。在 Test Cases/Results 选项中选择新添加的手工测试用例，右击，从弹出的快捷菜单中选择 Play Selected Test Case(s)菜单选项，C++ Test 自动执行当前测试用例，结果显示为执行通过（即测试用例为绿色，代表源代码执行得出的实际结果与预期结果相同），如图 10.10 所示。

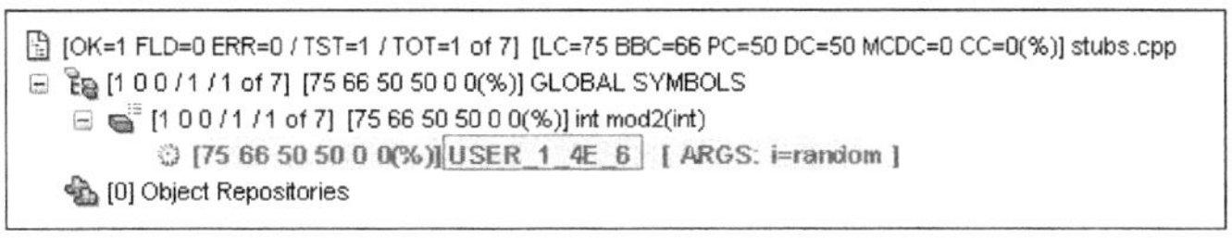

图 10.10　测试用例执行结果

借助用户自定义桩函数的方式进行动态测试仅为 C++ Test 众多拓展功能之一，读者可结合实际项目需要进行拓展学习。

4. 拓展练习

针对以下源程序进行动态测试，需要手动为该程序添加桩函数，体会自定义桩函数与手动添加桩函数的差别。

源程序：

```
int div(int a,int b)
{
    int c;
    c=a/b;
    dev(c);
    return c;
}
```

实验 11 XUnit 基础与 JUnit 安装

1. 实验目标

- 了解 XUnit 单元测试框架。
- 了解 Xunit 常见类型。
- 了解 JUnit 单元测试框架。
- 掌握 JUnit 相关环境准备。

2. 背景知识

单元测试是指由开发人员或白盒测试工程师编写一小段代码,以检验源程序的一个很小的、很明确的功能是否正确的行为。换言之,单元测试是对软件最基本的组成单元进行的测试,是编码完成后必须进行的测试工作。

注意：程序中一个最小的单元应有明确的功能、性能的相关定义,而且可以清晰地与其他单元区分开来。例如,面向过程语言(如 C、Visual Basic 等)的单元可理解为由一个或若干个的函数或过程所组成;面向对象语言(如 Java、C++、C♯ 等)的单元可理解为一个类或类的实例,或者由方法来实现的功能。

单元测试的概念较为抽象,希望以下实例能够帮助读者加深理解。

(1) 图 11.1 所示为实现加法功能的源代码,可称作一个单元。

```
package weind;

public class calculator {
    public int add(int a,int b)
    {
        return a+b;
    }
}
```

图 11.1　源代码

(2) 图 11.2 所示为测试代码,用于测试源代码。

(3) 图 11.3 所示为借助单元测试工具 JUnit(XUnit 框架中的一款工具)来执行测试的结果显示,图标与绿色进度条均表示测试通过。

```
package weind;

import junit.framework.Assert;
import junit.framework.TestCase;

public class calculatorTest extends TestCase {

    public void testAdd() {
        calculator cal = new calculator();
        int result = cal.add(3, 5);
        //断言
        Assert.assertEquals(8,result);
    }
}
```

图 11.2　测试代码

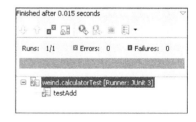

图 11.3　测试结果

上述测试过程的进行可称为单元测试。

在理解了单元测试的基本概念之后,请思考实际工作中是否有必要开展此类测试呢?客观来讲,单元测试是测试工作中极其重要的一个阶段,该项工作的优势较多:其一,单元测试阶段要远远早于集成测试和系统测试阶段,依据软件测试工作中"尽早地和及时地开展测试"的原则,提倡测试工作在软件开发早期同步进行,而并非等到所有系统功能开发完毕且组装成一个完整系统时(即系统测试阶段)才开展;其二,单元测试的开展可带来更大的测试范围,可测试得更加深入,从而弥补系统测试阶段的不足;其三,单元测试中代码透明可见,能够很容易地模拟错误条件,这在系统测试阶段的功能测试中很难做到。除此之外,单元测试的开展还能减少调试工作、促进团队协作等。总之,单元测试不容忽视。

至此,已了解单元测试及其开展的必要性,下面介绍如何开展单元测试。

通常,单元测试的开展方式包括以下 4 种类型。

(1) 人工静态分析:通过人工阅读代码的方式来查找代码中存在的错误。

(2) 自动静态分析:使用代码复查工具进行代码中错误的查找,往往借助工具来发现程序的语法相关错误。

(3) 人工动态测试:人工设定程序的输入和预期输出,通过执行程序的过程来判断实际输出是否符合预期结果,若不符则说明产生了缺陷。

(4) 自动动态测试:借助测试工具自动生成测试用例并自动执行被测程序的过程,测试工具往往用来发现程序的相关行为错误。

值得提醒的是,虽然利用 XUnit 完成的单元测试过程借助了 XUnit 工具,但由于需要人工设定程序的输入和预期结果,故仍属于人工动态测试。

下面重点介绍如何借助 XUnit 执行单元测试。

首先认识一下 XUnit。XUnit 是基于测试驱动开发的单元测试框架,是提供编写、运行测试用例,反馈测试结果及记录测试日志的一系列基础软件设施。

拓展:

XP(eXtreme Programming)即极限编程,更加重视单元测试环节,推崇测试优先原则,且开发方法独特。例如:①测试代码优先编写,之后再编写符合测试代码的源代码;②测试代码侧重覆盖系统主要功能及易错部分,无须覆盖全部细节;③不断维护测试代码等。读者若对其感兴趣,可自行学习相关知识,限于篇幅,不再赘述。

TDD(Test-driven development)即测试驱动开发,它以不断的测试来推动代码的开发,该方式既简化了代码,又保证了软件质量。

TDD 是 XP 的重要特点之一,而 XUnit 是基于 TDD 的单元测试框架。

值得提醒的是,XUnit 中的"X"为一个变量,可代表多种不同的编程语言。结合常见的 XUnit 单元测试框架类型,具体列举如下。

* JUnit:主要测试用 Java 语言编写的代码。
* CPPUnit:主要测试用 C++ 语言编写的代码。
* NUnit:主要测试用.NET 语言编写的代码。
* PyUnit:主要测试用 Python 语言编写的代码。
* SUnit:主要测试用 SmallTalk 语言编写的代码。
* vbUnit:主要测试用 Visual Basic 语言编写的代码。
* utPLSQL:主要测试用 Oracle's PL/SQL 语言编写的代码。
* MinUnit:主要测试用 C 语言编写的代码。
* PhpUnit:主要测试用 PHP 编写的代码。

XUnit 系列框架种类繁多,但实质内涵统一。官方对 XUnit 系列框架结构的说明如图 11.4 所示。

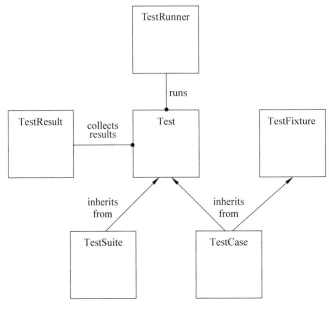

图 11.4　XUnit 系列框架

总体来说,XUnit 系列框架可划分为用户可控部分和系统控制部分两大类。

(1) 用户可控部分,即用户编写测试用例时需了解或实现的部分,主要包含如下内容。

① TestSuite：测试集合,用于执行批量测试。

② TestCase：测试用例,据此开展测试。

③ TestFixture：测试接口,所有的测试用例都实现此接口。

(2) 系统控制部分,即整个测试框架的控制部分,而用户无须了解该部分具体的实现,主要包含如下内容。

① TestRunner：主要负责运行测试用例,并输出运行结果。

② TestResult：测试结果,用于呈现测试情况。

XUnit 系列框架的各具体框架也存在细微差别。在初步了解了 XUnit 之后,下面以 JUnit 为例进行单元测试。

JUnit 是面向 Java 语言的单元测试框架,是 Java 社区中知名度最高的一款开源的单元测试工具,已发展成为 Java 开发中单元测试框架的事实标准。官方对 JUnit 框架的说明如图 11.5 所示,简要解释如下。

(1) junit.framework 是软件包,包内主要呈现类、接口,以及它们之间的关系。如果要使用包里的内容必须先引用该软件包,否则程序会报错。例如,软件包中包含了很多类,如 Assert、TestCase 等,如果要使用 Assert 类,则需通过“import junit.framework.Assert”方式来引用。

(2) junit.framework 软件包中的内容比较丰富,简要介绍如下。

① Assert：断言是一个基类,在单元测试中用于验证实际结果和预期是否一致,若一致

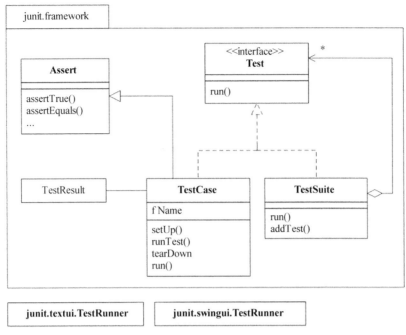

图 11.5　JUnit 框架

则测试程序保持沉默,否则会进行报错。

②　TestCase:测试用例,即通过 TestXXX 方法(如 TestAdd)的形式呈现,其下可包含一项或多项测试。另外,TestCase 类继承于 Assert 类,其可以调用 Assert 下面的各项方法。

③　TestSuite:测试集是一组测试的集合,即一个 TestSuite 是把多个相关测试归入一组,旨在执行批量测试。

④　Test:测试,即执行测试并传递结果给 testResult 的过程,其中 TestCase 和 TestSuite 均实现了 Test 的接口,且 TestSuite 中可包含多个 Test。

⑤　TestRunner:测试运行器,用于启动用户测试界面,其中 JUnit 提供了命令行(junit. textui. TestRunner)和图形界面(junit. swingui. TestRunner)两种不同的 TestRunner 模式。

⑥　TestResult:测试结果,用于呈现结果、显示错误数等。

(3) TestCase、TestSuite 及 TestRunner 共同产生了 TestResult,这 3 个类是 JUnit 框架的骨干,称为"JUnit 成员三重唱"。通常,单元测试工作中仅需编写 TestCase 类,而此外的工作均由其他类在幕后协助完成测试。

3. 实验任务

本实验主要进行 JUnit 工具的安装,为后续 JUnit 的应用奠定基础。

JUnit 工具支持独立安装,也可利用 MyEclipse、Eclipse 等 IDE 中的 JUnit 插件来构建单元测试环境。就目前而言,由于其操作简便、优势显著,多数 Java 开发环境均已集成了 JUnit 作为单元测试工具。因此,推荐在实际项目中利用 JUnit 插件来构建单元测试环境。

在此,选择 MyEclipse 集成开发环境作为后续 JUnit 单元测试开展的基础环境。换言之,JUnit 测试环境准备实质上就是 MyEclipse 开发环境的安装过程。若已完成 MyEclipse 开发环境的安装,则可跳过此步骤,进行后续章节的学习。

下面简要介绍 MyEclipse 开发环境的安装。

第1步,安装 MyEclipse6.5 工具软件。双击 MyEclipse6.5.0GAE3.3.2InstallerA.exe 安装包,打开图 11.6 所示对话框,开始安装。

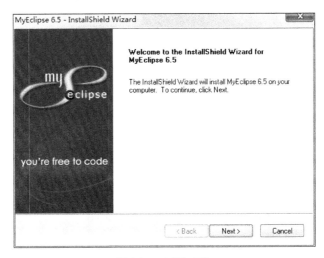

图 11.6　开始安装

第2步,单击 Next 按钮,打开图 11.7 所示对话框,阅读安装许可协议,选择 I accept the terms of the license agreement 选项。

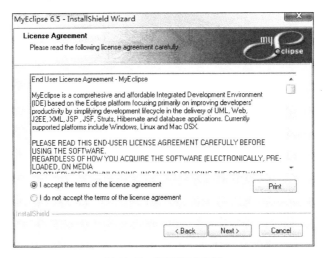

图 11.7　安装许可协议

第3步,单击 Next 按钮,打开图 11.8 所示对话框,选择安装目录。可依据实际情况进行安装目录的修改。

第4步,单击 Next 按钮,打开图 11.9 所示对话框,准备安装。

第5步,单击 Next 按钮,系统自动进行安装并显示安装进度,如图 11.10 所示。

第6步,成功安装相关程序后,打开图 11.11 所示对话框,提示安装完成。

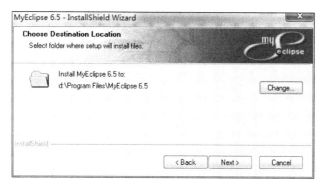

图 11.8 选择安装目录

图 11.9 准备安装提示信息

图 11.10 安装进度

第 7 步,在图 11.11 中勾选 Launch MyEclipse 6.5 并单击 Finish 按钮,进入图 11.12 所示的 MyEclipse 6.5 启动界面。

第 8 步,在图 11.13 所示对话框中设置工作目录。

第 9 步,单击 OK 按钮,进入图 11.14 所示的 MyEclipse 开发环境的 Welcome 界面。

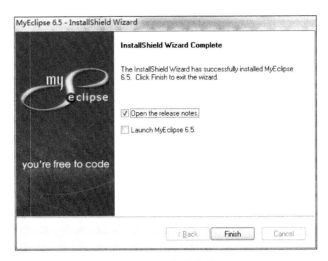

图 11.11　安装完成

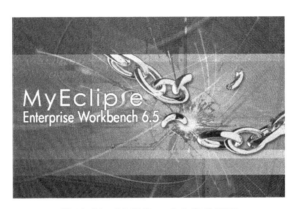

图 11.12　MyEclipse 6.5 启动界面

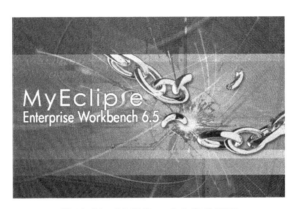

图 11.13　设置工作目录

第 10 步,单击 Welcome 界面中的 图标或关闭 Welcome 界面,即可进入图 11.15 所示的 MyEclipse 开发环境界面。

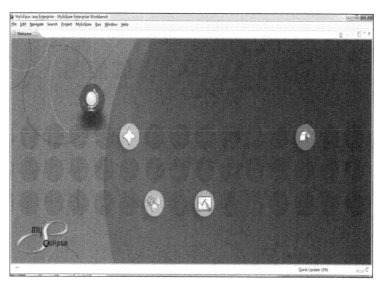

图 11.14　Welcome 界面

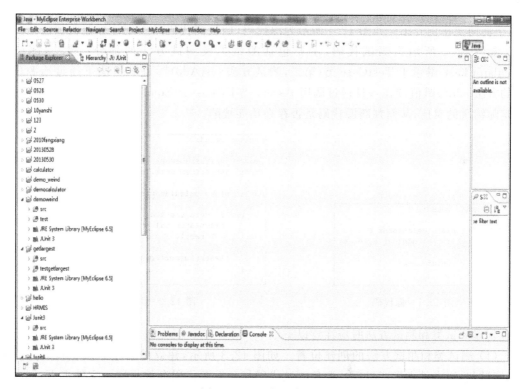

图 11.15　开发环境界面

MyEclipse 开发环境安装完成后，自动集成了 JUnit 组件，无须另行下载和安装 JUnit，仅当执行单元测试前，添加 JUnit 类库即可。

4. 拓展练习

安装 MyEclipse 开发环境，为后续 JUnit 单元测试的进行打好基础。

实验 12　JUnit 基础使用

1. 实验目标

- 能够使用 JUnit 进行计算器加减乘除运算的单元测试。
- 能够独立编写测试类和测试方法。

2. 背景知识

使用 JUnit 开展单元测试简单方便、灵活快捷,一般操作步骤如下。

(1) 开发人员提供被测代码。

(2) 针对被测代码或者被测功能点创建测试类。

(3) 在测试类中创建一个或多个测试方法。

(4) 使用 JUnit 执行测试。

不难理解,上述步骤(2)和(3),即开发测试代码的过程是 JUnit 单元测试工作的重中之重,下面简要举例介绍。如图 12.1 所示为源代码(即被测代码),实现计算器的加法运算功能。如图 12.2 所示为测试代码,主要包括测试类及测试方法两部分:第一,测试类 calculatorTest,继承于 TestCase 类;第二,测试方法 testAdd(),在该方法下通过给源代码中的方法 add()赋值(3,5),且通过调用 Assert 类下的 assertEquals()方法来进行预期结果与实际结果的对比,从而判断源代码是否存在功能缺陷。

```
package weind;

public class calculator {
    public int add(int a,int b)
    {
        return a+b;
    }
}
```

图 12.1　源代码

```
package weind;

import junit.framework.Assert;
import junit.framework.TestCase;

public class calculatorTest extends TestCase {

    public void testAdd() {
        calculator cal = new calculator();
        int result = cal.add(3, 5);
        //断言
        Assert.assertEquals(8,result);
    }
}
```

图 12.2　测试代码

创建测试类和测试方法时应注意以下细节。

(1) 测试类和测试方法的创建位置。如图 12.3 所示,建议单独建立测试代码文件夹(即测试包,以文件夹形式呈现),避免测试代码与开发源代码存放于同一文件夹下,同时测试包名最好与开发包(即源代码文件夹)名相同或类似,以便于管理。

(2) 创建测试类须遵循如下原则:其一,导入 JUnit 类库后方可调用 JUnit 下的各项资源,否则测试代码会报错;其二,测试类需继承于 TestCase 类。

(3) 创建测试方法须遵循如下原则(以 JUnit3.8 版本为例):第一,方法类型要求为 public void;第二,方法名必须以 test 开头;第三,无方法参数。简要举例如下:

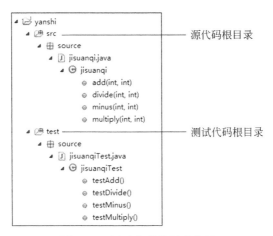

图 12.3　测试代码的创建位置

```
public void                          //应遵循的原则
public void testAdd()                //计算器加法运算函数实例
```

另外,测试人员还需对 Assert 相关知识有一定理解。Assert 在前面章节已多次提及,究竟什么是 Assert? Assert 即断言,可简单理解为若干个方法,用于判断某个语句的结构是否为真或是否与预期相符,是单元测试的开展不可或缺的组成部分。实际工作中,断言所涉及的方法类型种类繁多,图 12.4 所示为 JUnit 中的断言方法类型。

```
assertEquals(boolean expected, boolean actual) void - Assert
assertEquals(byte expected, byte actual) void - Assert
assertEquals(char expected, char actual) void - Assert
assertEquals(int expected, int actual) void - Assert
assertEquals(long expected, long actual) void - Assert
assertEquals(Object expected, Object actual) void - Assert
assertEquals(short expected, short actual) void - Assert
assertEquals(String expected, String actual) void - Assert
assertEquals(double expected, double actual, double delta) void - Assert
assertEquals(float expected, float actual, float delta) void - Assert
assertEquals(String message, boolean expected, boolean actual) void - Assert
assertEquals(String message, byte expected, byte actual) void - Assert
assertEquals(String message, char expected, char actual) void - Assert
assertEquals(String message, int expected, int actual) void - Assert
assertEquals(String message, long expected, long actual) void - Assert
assertEquals(String message, Object expected, Object actual) void - Assert
assertEquals(String message, short expected, short actual) void - Assert
assertEquals(String message, String expected, String actual) void - Assert
assertEquals(String message, double expected, double actual, double delta) void - Assert
assertEquals(String message, float expected, float actual, float delta) void - Assert
assertFalse(boolean condition) void - Assert
assertFalse(String message, boolean condition) void - Assert
assertNotNull(Object object) void - Assert
assertNotNull(String message, Object object) void - Assert
assertNotSame(Object expected, Object actual) void - Assert
assertNotSame(String message, Object expected, Object actual) void - Assert
assertNull(Object object) void - Assert
```

图 12.4　JUnit 中的断言方法类型

常用的断言方法类型介绍如下。
类型 1:

```
assertEquals([String message], expected, actual);
```

说明：最常用的断言形式，用于验证预期值是否与程序运行的实际值一致，若一致则表明源代码正确；反之，表明运行的测试结果会报错。其中，[String message]为可选择显示的消息，若提供该值，则将在产生错误时报告该信息内容；expected 为期望值；actual 为运行被测代码而产生的实际值。另外，该方法中的参数支持多种不同的类型，如 object、int 及 string 等。

类型 2：

```
assertNull([String message],java.lang.Object object);
```

说明：用于验证某给定的对象是否为 Null(或非 Null)，若答案为否，则将运行失败。其中[String message]参数是可选的。

类型 3：

```
assertSame([String message], expected,actual);
```

说明：用于验证 expected 与 actual 所引用的是否为同一对象，若答案为否，则将运行失败。其中[String message]参数是可选的。

类型 4：

```
assertTrue([String message],boolean condition);
```

说明：用于验证给定的二元条件是否为真，若答案为否，则将运行失败。其中[String message]参数是可选的。

类型 5：

```
assertFalse([String message],boolean condition);
```

说明：用于验证给定的二元条件是否为假，若答案为否，则将运行失败。其中[String message]参数是可选的。

类型 6：

```
fail(String message);
```

说明：此类断言通常被用于标记某个不应到达的分支，例如，在某个异常之后添加，用于使当前测试立即失败。其中[String message]参数是可选的。

JUnit 支持的断言类型较多，进行单元测试进行时，应结合需要灵活选择。在从理论层面上充分理解了上述基础知识后，下面从实践角度进一步介绍 JUnit 的基础使用。

3. 实验任务

使用 MyEclipse 中集成的 JUnit 工具，针对计算器的加减乘除运算功能进行单元测试，创建简单的测试类和测试方法。

第 1 步，成功安装 MyEclipse 开发环境，安装步骤参见实验 11。

第 2 步，启动 MyEclipse。选择"开始"|"程序"|MyEclipse6.5|MyEclipse6.5 菜单选项，进入 MyEclipse 主界面，如图 12.5 所示。

第 3 步，创建一个 Java 项目。选择 file|New|Java Project 菜单选项，则打开图 12.6 所示的对话框，新建 Java 项目并将项目命名为 calculator1，单击 Next 按钮。

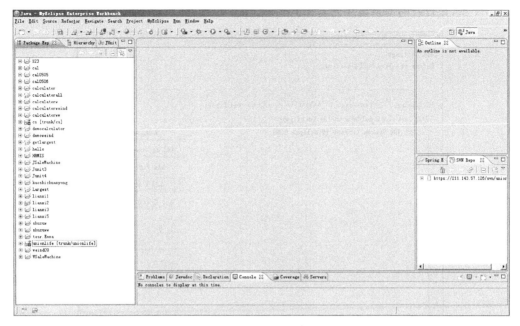

图 12.5　MyEclipse 主界面

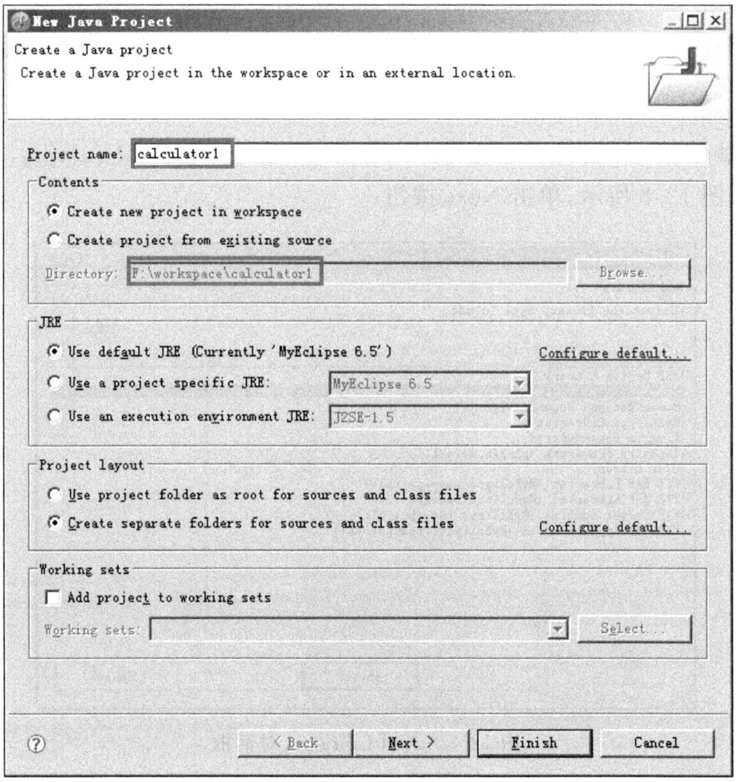

图 12.6　新建 Java 项目并为项目命名

第 4 步,在打开的对话框中选择 Libraries 标签页,如图 12.7 所示。

图 12.7 Libraries 标签页

第 5 步,添加 JUnit 类库。单击 Add Library⋯按钮,在 Add Library 对话框中选择
JUnit 类库,如图 12.8 所示,单击 Next 按钮。

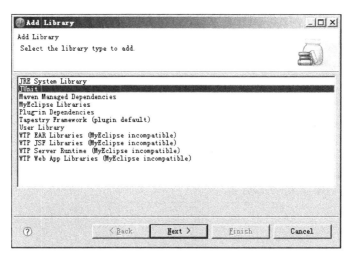

图 12.8 Add Libraries 对话框

第 6 步,选择 JUnit 版本。在图 12.9 所示对话框中选择 JUnit3,并单击 Finish 按钮,打
开图 12.10 所示对话框,显示引入的 JUnit 3。

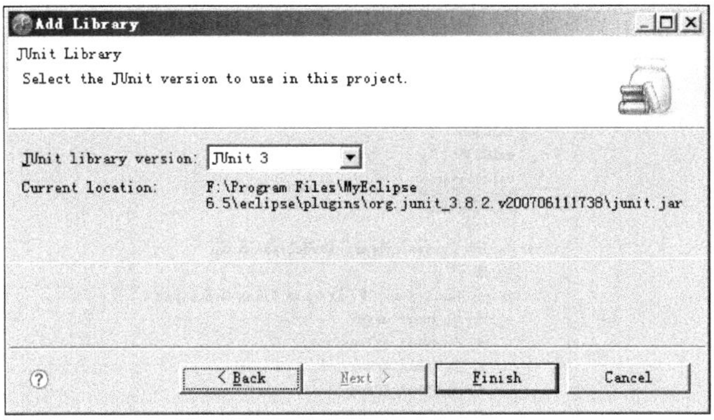

图 12.9　选择 JUnit 版本

图 12.10　引入的 JUnit 3

　　第 7 步,在图 12.10 中单击 Finish 按钮,可成功创建已引入 JUnit 3 类库的 calculator1 项目,如图 12.11 所示。

　　第 8 步,创建一个包。在 src 上右击,在快捷菜单中选择 New|Package 菜单选项,如图 12.12 所示,创建包。

　　第 9 步,给包命名。打开 New Java Package 对话框,在 Name 文本框中输入 weind,如图 12.13 所示。单击 Finish 按钮,可查看新添加的包,如图 12.14 所示。

　　第 10 步,在包上创建 class。在包 weind 上右击,在快捷菜单中选择 New|Class 菜单选项,如图 12.15 所示,创建类。

图 12.11　已引入 JUnit 3 类库的 calculator1 项目

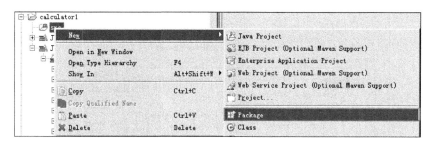

图 12.12　创建包

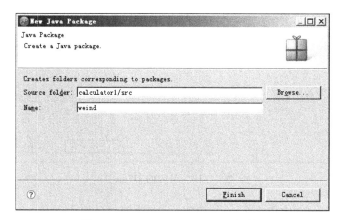

图 12.13　New Java Package 对话框

图 12.14　新添加的包

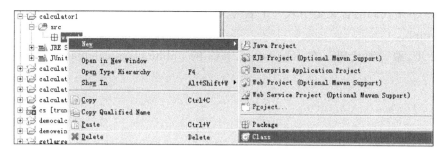

图 12.15　创建类

第 11 步,给类命名。打开 New Java Class 对话框,在 Name 文本框中输入 calculator1,如图 12.16 所示。单击 Finish 按钮,可查看新添加的类,如图 12.17 所示。

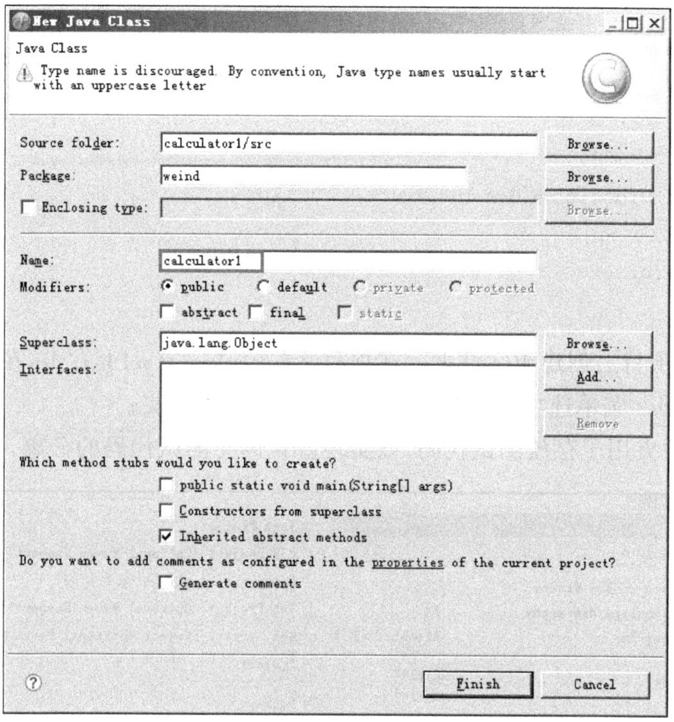

图 12.16　New Java Class 对话框

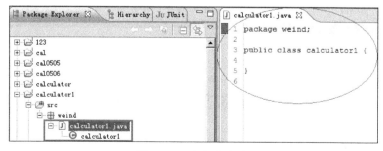

图 12.17　新添加的类

图 12.17 中代码的含义是引入一个名为 weind 的包,设定了一个 public 类型的类,类名为 calculator1。

第 12 步,编写源代码。在 calculator1. java 的 public class calculator1 中编写源代码如下。

```
public int add(int a,int b)
{
    return a+b;
}
public int minus(int a,int b)
{
    return a-b;
}
public int multiply(int a,int b)
{
    return a * b;
}
public int divide(int a,int b)
{
    return a/b;
}
```

第 13 步,在项目上创建源文件夹。在项目 calculator1 上右击,在快捷菜单中选择 New|Source Folder 菜单选项,如图 12.18 所示,创建源文件夹。

在此,源文件夹用于存放测试代码,以实现源代码与测试代码的分离。

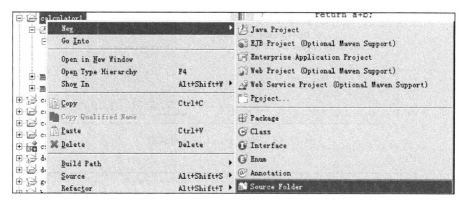

图 12.18　创建源文件夹

第 14 步,给源文件夹命名。打开 New Source Folder 对话框,在 Folder Name 文本框中输入 testcalculator1,如图 12.19 所示。单击 Finish 按钮,可查看新添加的源文件夹,如图 12.20 所示。

第 15 步,针对待测试类创建 JUnit 测试用例。在待测试类 calculator1 上右击,在快捷菜单中选择 New|JUnit Test Case 菜单选项,如图 12.21 所示,创建 JUnit 测试用例。

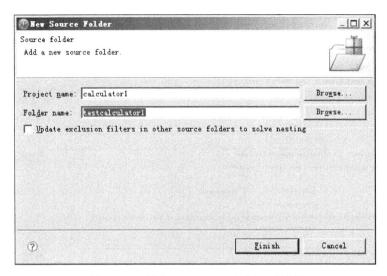

图 12.19 创建 New Source Folder 对话框

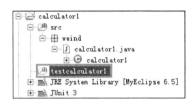

图 12.20 新添加的源文件夹

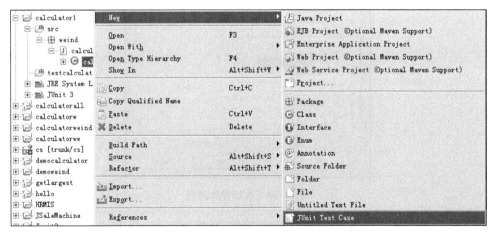

图 12.21 创建 JUnit 测试用例

第 16 步,修改测试代码存放路径。打开 New JUnit Test Case 对话框,如图 12.22 所示,单击 Browse 按钮,选择存放路径为 testcalculator1,如图 12.23 所示,并单击 OK 按钮。

在此,系统将测试代码类自动命名为 calculator1Test。

第 17 步,添加测试方法。在图 12.22 所示对话框中单击 Next 按钮,在打开的对话框中选择所需测试方法,如图 12.24 所示。

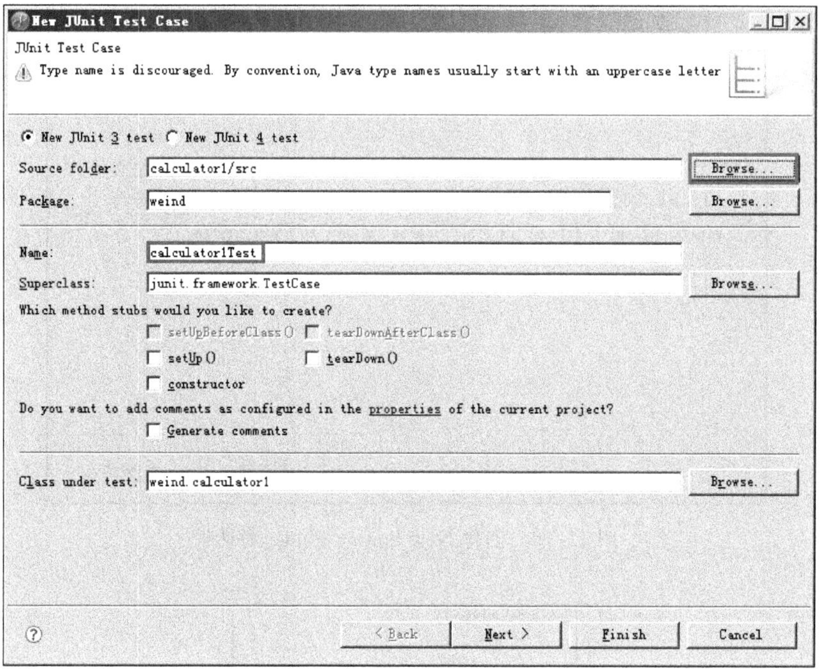

图 12.22 New JUnit Test Case 对话框

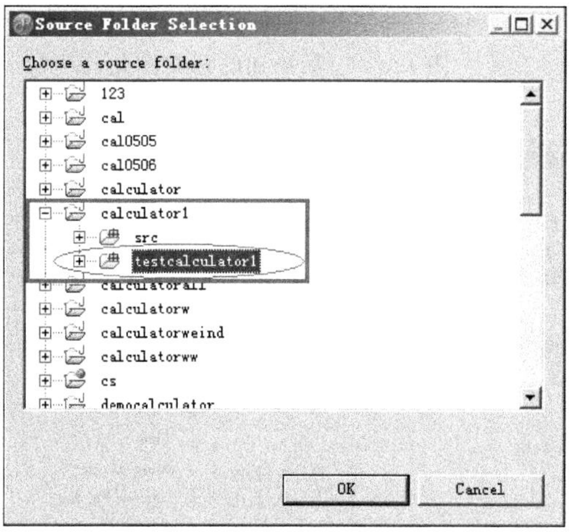

图 12.23 选择存放路径

第 18 步,单击 Finish 按钮关闭当前对话框,可看到 testcalculator1 文件夹下存放的 calculator1Test.java 中显示 4 个测试方法,如图 12.25 所示。

第 19 步,编写 Add 方法的测试代码。在 public void testAdd()中编写以下代码,此时 JUnit 界面如图 12.26 所示。

```
calculator1 c=new calculator1();        //实例化一个对象
int result=c.add(2, 5);                 //对象调用被测方法及传参,add方法有两个参数
Assert.assertEquals(7,result);          //使用断言对比预期结果和实际结果
```

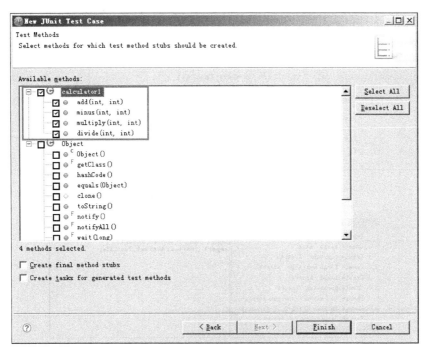

图 12.24　选择测试方法

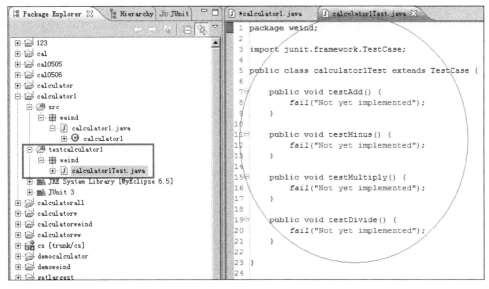

图 12.25　创建的测试方法

　　第 20 步,解决代码问题。双击 图标,在弹出的窗口中双击"Import 'Assert'(jumit framework)"引入"import junit. framework. Assert；",如图 12.27 所示。

　　第 21 步,编写其他方法的测试代码。编写方法同上,代码的具体内容如图 12.28 所示。

　　第 22 步,使用 JUnit 运行测试代码。在 calculator1Test. java 中右击,在弹出的快捷菜单中,选择 Run As | JUnit Test 菜单选项,启动 JUnit,如图 12.29 所示。

```
J *calculator1Test.jav ⟩   J cal0506Test.java   J cal0505Test.java  ⟩⟩₂

 1  package weind;
 2
 3  import junit.framework.TestCase;
 4
 5  public class calculator1Test extends TestCase {
 6
 7      public void testAdd() {
 8
 9          calculator1 c = new calculator1();     //实例化对象
10          int result = c.add(2, 5);       //对象调用被测方法及传参
11          Assert.assertEquals(7,result);      //结果比较
12
13      }
```

图 12.26 add 方法的测试代码

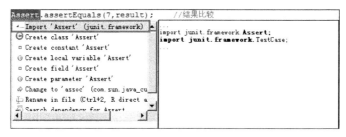

图 12.27 解决代码问题

```
J calculator1.java   J *calculator1Test.jav ⟩   J cal0505Test.java  ⟩⟩₂

 1  package weind;
 2
 3  import junit.framework.Assert;
 4  import junit.framework.TestCase;
 5
 6  public class calculator1Test extends TestCase {
 7
 8      public void testAdd() {
 9
10          calculator1 c = new calculator1();     //实例化对象
11          int result = c.add(2, 5);       //对象调用被测方法及传参
12          Assert.assertEquals(7,result);      //结果比较
13
14      }
15
16      public void testMinus() {
17          calculator1 c = new calculator1();
18          int result = c.minus(2, 5);
19          Assert.assertEquals(-3,result);
20      }
21
22      public void testMultiply() {
23          calculator1 c = new calculator1();
24          int result = c.multiply(2, 3);
25          Assert.assertEquals(6,result);
26      }
27
28      public void testDivide() {
29          calculator1 c = new calculator1();
30          int result = c.divide(6, 2);
31          Assert.assertEquals(3,result);
32      }
33
34  }
35
```

图 12.28 其他方法的测试代码

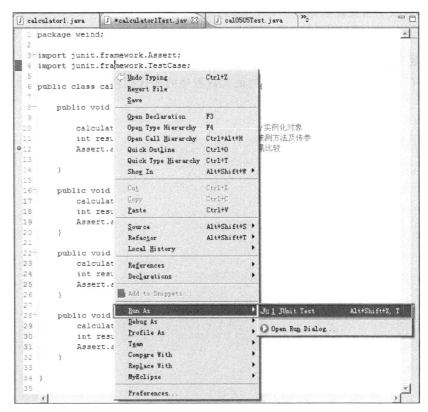

图 12.29　启动 JUnit

第 23 步,JUnit 中的测试结果为通过,如图 12.30 所示。

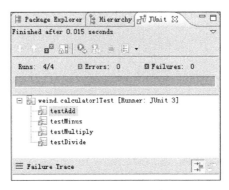

图 12.30　JUnit 测试结果

至此,使用 MyEclipse 开发环境中集成的 JUnit 工具,针对计算器的加减乘除运算功能进行了一次最基本的单元测试。此外,针对运算器的加减乘除运算功能仍有很多测试点,可结合上述过程依次进行完善。

思考: 验证当除数为 0 时源程序是否正常,即将 testDivide()中的"int result＝c. divide (6,2);"修改为"int result＝c. divide(6,0);"后,再次运行 JUnit 工具并进行测试结果观察。同时请思考以下问题。

（1）为什么会出现此类结果？

（2）针对该结果应如何进行处理？

4. 拓展练习

使用 JUnit 工具对求整数数组中的最大数程序的源代码进行单元测试，创建测试类及测试方法。

源代码：

```
Public class shuzu {
    public int getlargest(int[] array) {

        int result=array[0];
        for(int i=0; i<array.length; i++)
        {
            if(result<array[i])
            {
                result=array[i];
            }
        }
        return result;
    }
}
```

实验 13   JUnit 处理异常

1. 实验目标

能够使用 JUnit 进行异常处理。

2. 背景知识

给出的实验 12 思考题：验证当除数为 0 时源程序是否正常，即将 testDivide()中的"int result＝c.divide(6，2)；"修改为"int result＝c.divide(6，0)；"后，再次运行 JUnit 工具并进行测试结果观察。同时请思考以下问题。

(1) 为什么会出现此类结果？

(2) 针对该结果应如何进行处理？

进行上述修改操作后再次运行 JUnit 工具时，发现系统报错，如图 13.1 所示。

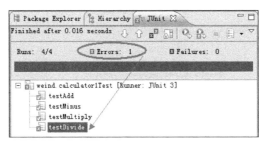

图 13.1   系统报错

图 13.1 中包含 Errors 与 Failures 两种结果类型，下面进一步解释两者的含义，以及两者的区别。

1) Errors

Errors：通常指源代码中未考虑到的问题，往往是测试时不能预料的。当执行测试代码时，尚未执行到断言之前，程序就因为某种类型的意外而终止。

实例：当测试数组时，由于存取超出索引而引发 ArrayIndexOutOfBoundsException，此时 JUnit 会报出 Errors，且测试代码将因为无法继续运行而提前终止。对于此类情况，首先，检查源代码中的各种情况是否考虑充分；其次，考虑是否由于磁盘已满、网络中断等外部环境的失败而造成了 Errors 产生。

2) Failures

Failures：通常指测试代码中编写的"预期的结果"与源代码运行的"实际结果"不同而导致的问题。当运行测试代码时，执行到断言处程序会终止。

实例：当使用 assertEquals()、assertNull()、assertTrue()等方法断言失败时，JUnit 就会报出 Failure，且测试代码将终止运行。对于此类情况，首先，检查测试代码中的测试方法是否正确；其次，考虑是否由于源代码的编写逻辑有误，从而导致 Failures 产生。

综上所述，使用 JUnit 工具开展测试后，对于测试结果中既有若干 Failures 又存在若干

Errors 的情况，建议参照以下思路进行分析和问题查找。

（1）查找产生 Errors 的原因，并加以修复。

（2）重新运行 JUnit 工具进行测试，并验证是否所有 Errors 已经修复通过；若仍存在 Errors，则继续（1）中的操作至所有 Errors 被修复。

（3）查找产生 Failures 的原因，并加以修复。

下面进行 JUnit 处理异常的介绍。

3. 实验任务

结合实验 12 中的计算器实例，针对 testDivide()方法测试除数为 0 时源程序是否运行正常。若源程序运行不正常，则进行测试代码修改并重新进行测试。

第 1 步，修改实验 12 中的测试代码，如图 13.2 所示，即通过"int result＝c. divide(6，0);"验证当除数为 0 时源程序是否正常。

```java
package weind;

import junit.framework.Assert;

public class calculator1Test extends TestCase {

    public void testAdd() {

        calculator1 c = new calculator1();     //实例化对象
        int result = c.add(2, 5);     //对象调用被测方法及传参
        Assert.assertEquals(7,result);     //结果比较

    }

    public void testMinus() {
        calculator1 c = new calculator1();
        int result = c.minus(2, 5);
        Assert.assertEquals(-3,result);
    }

    public void testMultiply() {
        calculator1 c = new calculator1();
        int result = c.multiply(2, 3);
        Assert.assertEquals(6,result);
    }

    public void testDivide() {
        calculator1 c = new calculator1();
        int result = c.divide(6, 0);
        Assert.assertEquals(0,result);
    }
}
```

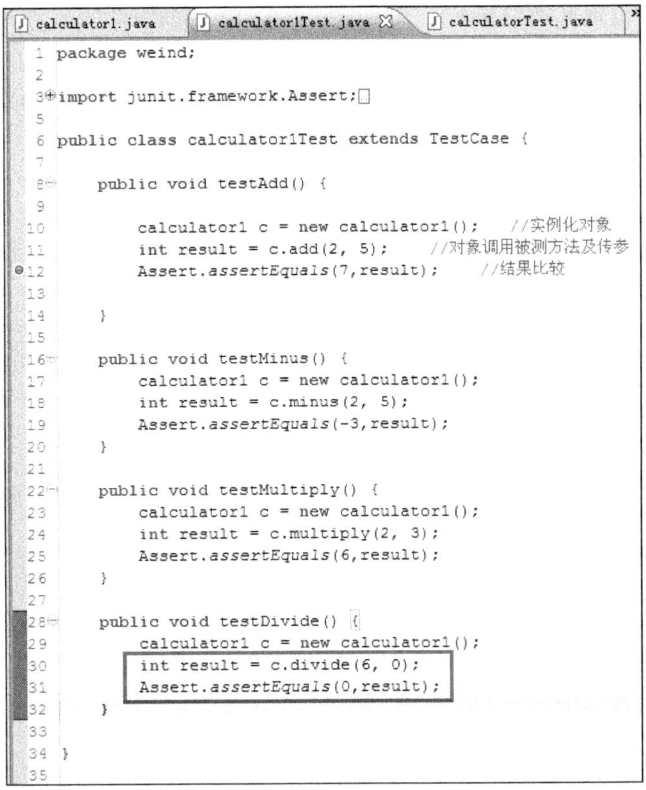

图 13.2　验证除数为 0 时源程序是否正常的测试代码

第 2 步，使用 JUnit 运行测试代码。在 calculator1Test. java 上右击，选择 Run As| JUnit Test 菜单选项，启动 JUnit 并生成测试结果，如图 13.3 所示。

观察图 13.3 所示的测试结果可知，JUnit 的运行进度条显示为红色，同时发现显示 ⊠ **Errors:　1** 和 ⊞ **testDivide** 相关错误及统计信息。随后，单击 ⊞ **testDivide** ，通过图 13.4 所示的提示可得出是源程序(calculator1. java)中的第 19 行及被测代码(calculator1Test. java)中的第 30 行出现了问题。

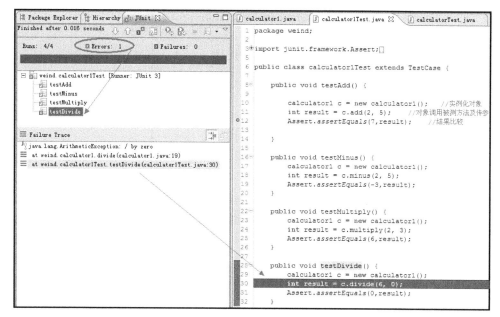

图 13.3　除数为 0 的测试结果

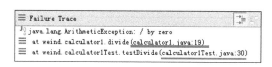

图 13.4　Failure Trace 对话框除数为 0

注意：

（1）当输入 6/0 时，期望系统能给出提示"除数不能为 0!"，但是系统报错显示 ⊠ **Errors: 1**。

（2）Errors 的出现往往是由于编写程序时有未考虑到的问题。在执行测试的断言之前，程序就因为某种类型的意外而停止，而并非是执行了某个断言语句导致的程序问题。此时需要检查被测试方法中是不是有欠缺考虑的地方。当然，也可能是磁盘已满、网络中断等外部环境所带来的影响。

第 3 步，查看源代码。单击 ☰ at weind.calculator1.divide(calculator1.java:19)切换至 calculator1.java 源代码文件，系统自动定位到第 19 行，如图 13.5 所示。

经分析可知，源代码的 divide()方法中未进行除数为 0 的判断，所以产生了 Errors。至此，可得出结论：经 JUnit 测试发现，divide()方法需添加除数为 0 的判断。

第 4 步，开发人员修改源代码。

（1）开发人员在 divide()方法中添加一个判断"除数为 0 时，系统抛出提示"除数不能为 0!"，代码如下。

```
if(b==0)
{
    throw new Exception("除数不能为 0!");
```

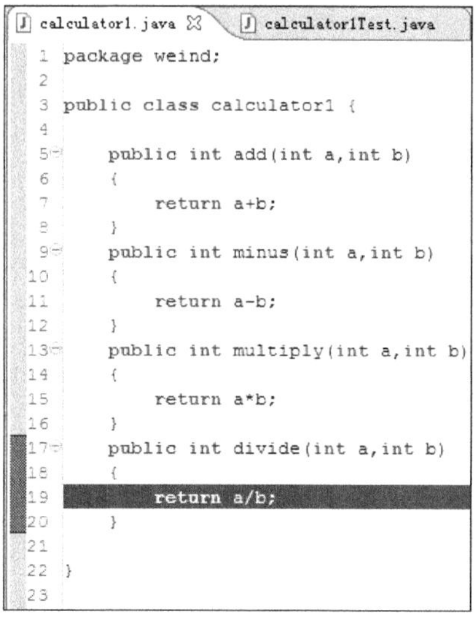

图 13.5　查看源代码

}

（2）观察源代码，出现如图 13.6 所示报错提示。

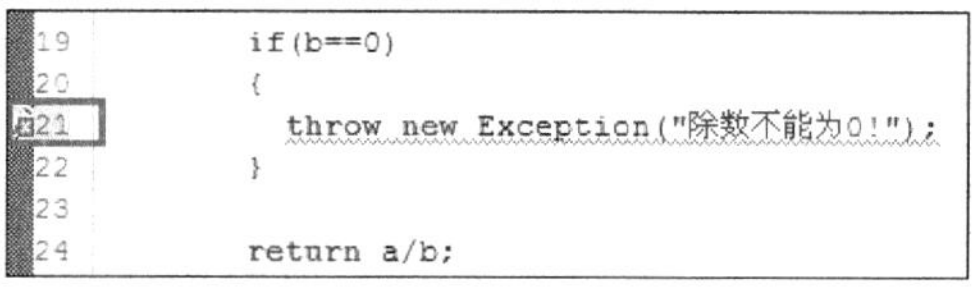

图 13.6　源代码报错

（3）解决源代码中的问题。双击![icon]图标弹出解决方案，如图 13.7 所示。

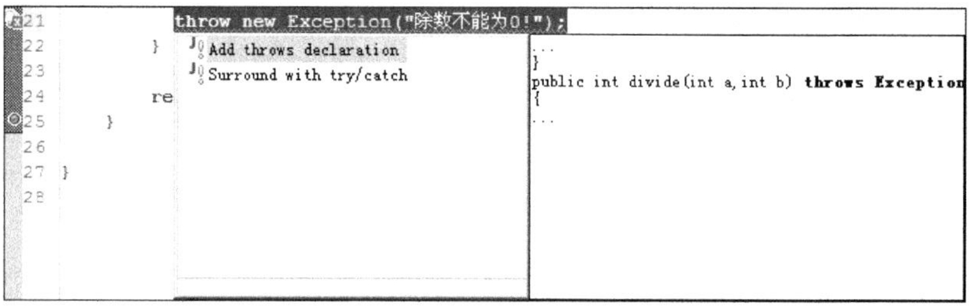

图 13.7　源代码报错的解决方案

当源代码中抛出异常后，异常的解决方法往往有以下两种。

（1）声明异常。

（2）使用 try/catch 捕获异常。

在此，选择 ![icon] Add throws declaration 解决方案，源代码被修改，如图 13.8 所示。

至此，开发人员修改源代码完毕，此后将进行源代码的测试。

第 5 步，重新进行源代码的测试，验证开发人员修改后的代码是否已符合需求。打开 calculator1Test. java 文件，右击，选择 Run As|JUnit Test 菜单选项，启动 JUnit，系统弹出

```
17    public int divide(int a,int b) throws Exception
18    {
19        if(b==0)
20        {
21            throw new Exception("除数不能为0!");
22        }
23
24        return a/b;
25    }
26
```

图 13.8　修改后的源代码

如图 13.9 所示的提示信息。

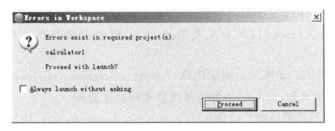

图 13.9　出错提示信息

第 6 步,单击 Cancel 按钮关闭提示信息,并查看 calculator1Test. java 中的测试代码,测试代码报错,如图 13.10 所示。

```
28    public void testDivide() {
29        calculator1 c = new calculator1();
30        int result = c.divide(6, 0);
31        Assert.assertEquals(0,result);
32    }
33
```

图 13.10　测试代码报错

经分析可知,该错误应该是由源代码的修改造成的:源代码中增加了异常,但未对异常进行处理。

第 7 步,解决测试代码中的问题,选择处理异常方式。双击 图标弹出解决方案提示,如图 13.11 所示。

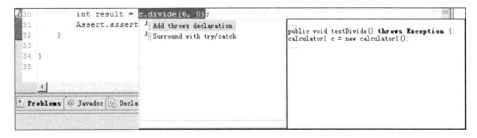

图 13.11　测试代码报错的解决方案

在此,选择 Surround with try/catch(捕获异常),测试代码被修改,如图 13.12 所示。

注意:

(1) 图 13.12 所示代码含义是 try 则执行除法,当执行源代码中的 divide()方法发生异

```
28□    public void testDivide() {
29         calculator1 c = new calculator1();
30         int result;
31         try {
32             result = c.divide(6, 0);
33         } catch (Exception e) {
34             // TODO Auto-generated catch block
35             e.printStackTrace();
36         }
37         Assert.assertEquals(0,result);
38     }
39
```

图 13.12　修改后的测试代码

常的时候,就会进入 catch 中去捕获异常。

(2) e. printStackTrace();的含义是输出信息,例如有错误信息时就能借助其进行输出。

第 8 步,观察图 13.12 所示的测试代码,Assert. $assertEquals$(0,result);一行出现了问题图标 37。经分析可知,该问题是由局部变量未初始化造成。

为什么会出现上述错误呢?问题在于"result＝c.divide(6, 0);"语句。执行到 try 的时候会执行 c. divide()方法,若正好 divide()方法抛出了异常,则 result 此时能得到该值吗? 显然是不能的,此时将直接进入 catch 中执行。因此,result 一直未被初始化。

第 9 步,针对 result 进行初始化,即对这些局部变量在定义的时候进行赋值。再次修改测试代码,如图 13.13 所示。

```
28□    public void testDivide() {
29         calculator1 c = new calculator1();
30         int result = 0;
31         try {
32             result = c.divide(6, 0);
33         } catch (Exception e) {
34             // TODO Auto-generated catch block
35             e.printStackTrace();
36         }
37         Assert.assertEquals(0,result);
38     }
```

图 13.13　再次修改后的测试代码

注意:若是整型的局部变量则赋值为 0;若是对象类型的局部变量则赋值为 null。

第 10 步,验证捕获到的异常。通过分析源代码和测试代码,可知源代码确实抛出了异常(当输入 6 除以 0 时,期望结果正是被测代码抛出异常),即测试代码执行过程中当执行到 try 部分时会转入 catch 中进行执行。那么,如何在测试代码执行中验证抛出的异常呢?

(1) 在测试方法中定义一个对象"Throwable cc＝null;",如图 13.14 所示。

```
28□    public void testDivide() {
29         calculator1 c = new calculator1();
30         int result = 0;
31         Throwable cc = null;
32         try {
33             result = c.divide(6, 0);
34         } catch (Exception e) {
35             // TODO Auto-generated catch block
36             e.printStackTrace();
37         }
38         Assert.assertEquals(0,result);
39     }
```

图 13.14　定义一个对象

注意：

（1）对象名不限，然后赋一个空值即可。

（2）此处定义对象的基本思想是定义一个"异常类型的对象"，然后通过这个对象去获得所捕获到的这个异常。

思考： 此处为什么要定义 Throwable 呢？可查看文件"JDK_API_1_6_zh_CN.CHM"，在其索引的 Throwable 中得到答案。Throwable 类是 Java 语言中所有错误或异常的超类。两个子类的实例 Error 和 Exception，通常用于指示发生了异常情况。Throwable 是父类，所以可以定义一个 Throwable 类型的对象。

（2）将捕获到的异常赋值给定义的对象，如图 13.15 所示。

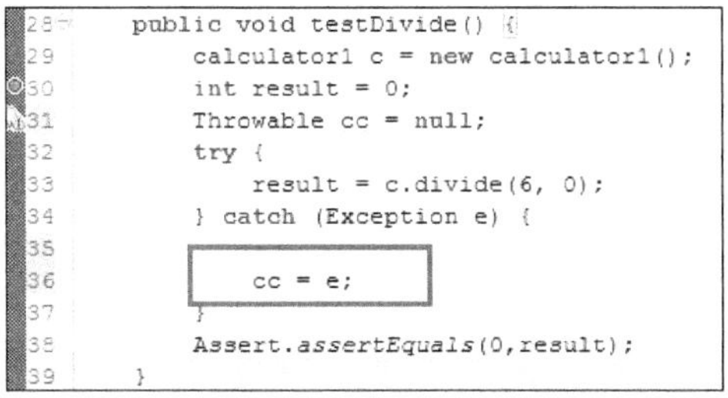

```
28    public void testDivide() {
29        calculator1 c = new calculator1();
30        int result = 0;
31        Throwable cc = null;
32        try {
33            result = c.divide(6, 0);
34        } catch (Exception e) {
35
36            cc = e;
37        }
38        Assert.assertEquals(0,result);
39    }
```

图 13.15　将捕获到的异常赋值给定义的对象

不难理解，通过定义上述对象，要让其去获得所捕获到的异常。例如 cc＝e，exception e 是捕获到的异常，此处让定义的对象＝捕获到的异常，即让 cc 获得所捕获到的异常。

（3）使用断言验证源代码抛出的异常是否不为空，期望不为空。修改测试代码，如图 13.16 所示。

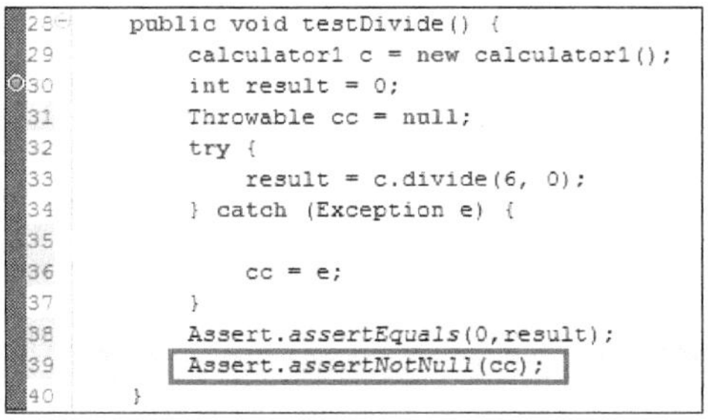

```
28    public void testDivide() {
29        calculator1 c = new calculator1();
30        int result = 0;
31        Throwable cc = null;
32        try {
33            result = c.divide(6, 0);
34        } catch (Exception e) {
35
36            cc = e;
37        }
38        Assert.assertEquals(0,result);
39        Assert.assertNotNull(cc);
40    }
```

图 13.16　验证异常是否不为空

注意： "Assert. assertNotNull（Object）；"用于验证抛出异常是否不为空，例如，将 Object 替换为 cc，即判断 cc 对象是否不为空。

（4）使用断言验证源代码抛出的异常的类型，期望为 Exception 类型，而并非 Error 类型。修改测试代码，如图 13.17 所示。

注意： "Assert. assertEquals（Object expected，Object actual）；"用于验证抛出异常的类型，例如，将 Object expected（期望值）替换为 Exception. class，将 Object actual（实际值）替换为 cc. getClass（）。

（5）使用断言验证源代码抛出的异常值是否正确，期望显示为"除数不能为 0"。修改测试代码，如图 13.18 所示。

```
28    public void testDivide() {
29        calculator1 c = new calculator1();
30        int result = 0;
31        Throwable cc = null;
32        try {
33            result = c.divide(6, 0);
34        } catch (Exception e) {
35
36            cc = e;
37        }
38        Assert.assertEquals(0,result);
39        Assert.assertNotNull(cc);
40        Assert.assertEquals(Exception.class, cc.getClass());
41    }
```

图 13.17　验证异常类型

```
28    public void testDivide() {
29        calculator1 c = new calculator1();
30        int result = 0;
31        Throwable cc = null;
32        try {
33            result = c.divide(6, 0);
34        } catch (Exception e) {
35
36            cc = e;
37        }
38        Assert.assertEquals(0,result);
39        Assert.assertNotNull(cc);
40        Assert.assertEquals(Exception.class, cc.getClass());
41        Assert.assertEquals("除数不能为0", cc.getMessage());
42    }
43
```

图 13.18　验证异常值是否正确

　　注意："Assert. assertEquals(string expected,string actual);"用于验证抛出异常的值
显示是否正确。例如,将 string expected(期望值)替换为"除数不能为 0",将 string actual
(实际值)替换为 cc. getMessage()。值得提醒的是,上述 getMessage()方法用于返回此
Throwable 的详细消息字符串。

　　第 11 步,使用 JUnit 运行测试代码。在 calculator1Test. java 上右击,在弹出的快捷菜
单中选择 Run As|JUnit Test 菜单选项,启动 JUnit 并生成测试结果,如图 13.19 所示。

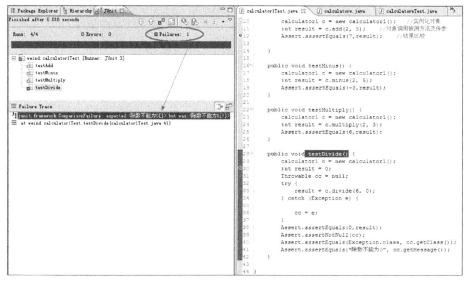

图 13.19　修改测试代码后的测试结果

第 12 步,观察测试结果。依据图 13.20 所示的 JUnit 提示信息,可知 testDivide()方法中断言的执行出现了问题。期望抛出异常的提示信息显示为"除数不能为 0[]",但源代码中抛出异常时的提示信息实际为"除数不能为 0[!]"。

图 13.20　Failure Trace 对话框修改测试代码后

第 13 步,单击图 13.19 中的 按钮,打开 Result Comparison 对话框,可查看期望结果与实际结果的详细对比信息,如图 13.21 所示。

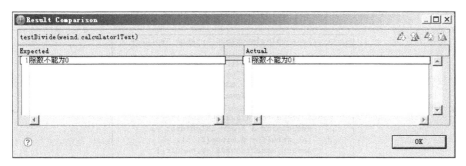

图 13.21　Result Comparison 对话框

第 14 步,将源代码中的"throw new Exception("除数不能为 0!");"改为 throw new Exception("除数不能为 0");"。

第 15 步,使用 JUnit 重新运行测试代码。在 calculator1Test.java 上右击,选择 Run As |JUnit Test 菜单选项,启动 JUnit 并生成测试结果,如图 13.22 所示。

图 13.22　JUnit 测试结果

至此,结合实验 12 中的计算器实例,针对 testDivide()方法测试除数为 0 的情况进行了相关测试,读者可通过本实验仔细体会 JUnit 处理异常的过程。

4. 拓展练习

使用 JUnit 工具对求整数数组中的最大数程序的源代码进行单元测试,重点结合"验证数组为空"时的情况,体验 JUnit 处理异常的过程。源代码参见实验 12 的拓展练习。

实验 14 JUnit 测试代码重构

1. 实验目标

能够使用 JUnit 进行测试代码重构。

2. 背景知识

结合实验 12 和实验 13,针对计算器程序的加减乘除运算功能可编写出图 14.1 所示的测试代码。

```java
public class calculatorTest extends TestCase {
    public void testAdd() {
        calculator c = new calculator();
        int result = c.add(2, 5);
        Assert.assertEquals(7,result);
    }
    public void testMinus() {
        calculator d = new calculator();
        int result = d.minus(2, 5);
        Assert.assertEquals(-3,result);
    }
    public void testMultiply() {
        calculator e= new calculator();
        int result = e.multiply(2, 5);
        Assert.assertEquals(10,result);
    }
    public void testDivide() {
        calculator f = new calculator();
        int result = f.divide(2, 5);
        Assert.assertEquals(0,result);
    }
    public void testDivide1() {
        calculator f = new calculator();
        int result = f.divide(5, 0);
        Assert.assertEquals(0,result);
    }
}
```

图 14.1　计算器程序的加减乘除运算功能测试代码

仔细观察图 14.1 所示的测试代码中的各个测试方法,思考其是否存在某些共性? 换言之,是否存在大量代码重复和冗余?

不难看出,各测试方法下的实例化对象等代码均多次重复出现,这不仅大大增加了测试代码编写的工作量,更重要的是,冗余的代码可能会给程序质量带来更多的缺陷及质量风险。因此,代码重构的引入至关重要。客观来讲,代码重构的功能强大、优势显著,可以改进软件设计,使代码更易理解,协助发现隐藏的代码缺陷,以及提高编程效率等。

代码重构如此重要,那么应如何针对图 14.1 所示的测试代码进行重构呢? 在此,可借助 setUp()和 tearDown()方法进行作答。

(1) setUp()是标准的资源初始化方法,该方法在每个测试方法之前调用。通俗来讲,即在调用每个测试方法之前,要进行初始化操作的资源均可存放于 setup()中,例如实例化对象即可存放于 setup()中。该方法实质为进行初始化操作。

（2）tearDown()是标准的资源回收方法,该方法在每个测试方法之后调用,实质为进行销毁释放操作。

在充分理解了在 JUnit 中可借助 setUp()和 tearDown()方法进行代码重构后,则不难理解所有测试代码执行的顺序通常应为:首先,执行 setup()方法;其次,执行各测试方法;最后,执行 tearDown()。

至此,从理论层面介绍了测试代码重构的基础知识,下面从实践层面进一步介绍 JUnit测试代码重构的过程。

3. 实验任务

在完成实验 12 的基础上,应用 JUnit 测试代码重构的知识,针对计算器的加减乘除运算功能开展单元测试。

第 1 步,针对待测试类重新创建 JUnit 测试用例。在待测试类 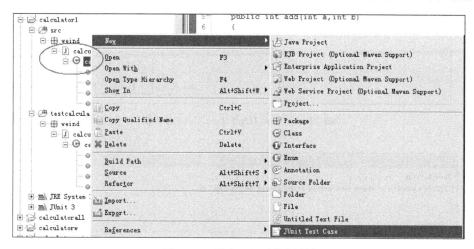 上右击,在快捷菜单中选择 New|JUnit Test Case 菜单选项,如图 14.2 所示,创建 JUnit 测试用例。

图 14.2　创建 JUnit 测试用例

第 2 步,打开 New JUnit Test Case 对话框,如图 14.3 所示,做如下修改。

（1）修改源文件夹,设置测试代码存放路径为 calculator1/testcalculator1。

（2）系统为测试类自动命名为 calculator1Test,由于 calculator1Test 已经存在,在此修改 Name 文本框中的内容为 calculator1Testnew。

（3）在 Which method stubs would you like to create? 选项区,选择 setUp()和tearDown()方法。

第 3 步,添加测试方法。在图 14.3 所示的对话框中单击 Next 按钮,在弹出的对话框中选择所需测试方法,如图 14.4 所示。

第 4 步,单击 Finish 按钮关闭对话框,可查看在 testcalculator1 下存放的 calculator1Testnew.java中显示 6 个测试方法,包含 setUp()、tearDown()、testAdd()、testDivide()、testMinus()和 testMultiply(),如图 14.5 所示。

注意:在各个测试方法下,系统自动生成了相关代码,若不需要可进行删除,例如"fail("Not yet implemented");"。

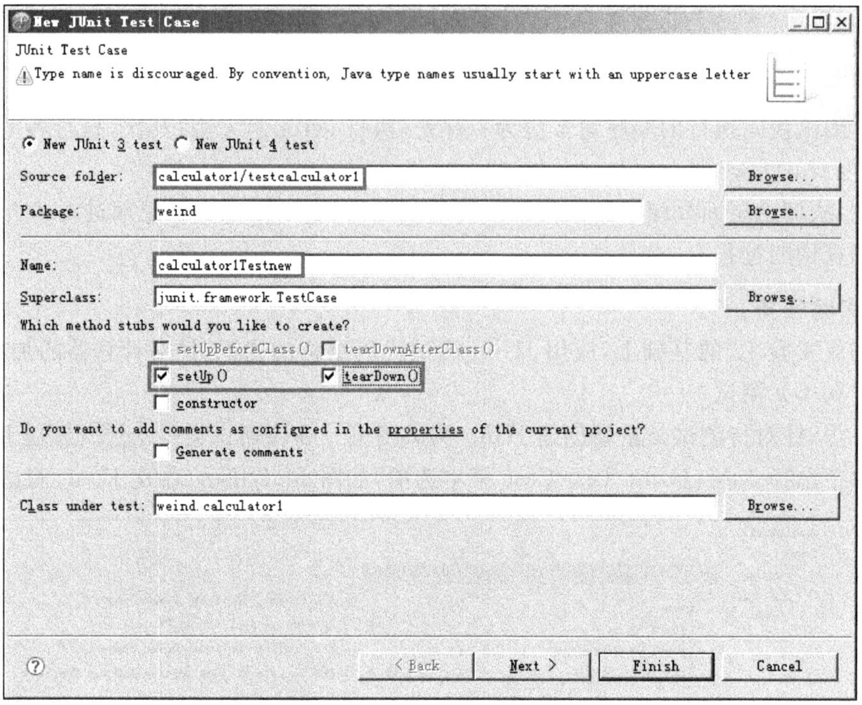

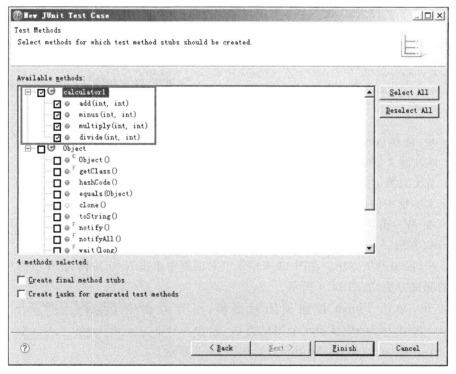

图 14.3 New JUnit Test Case 对话框

图 14.4 选择测试方法

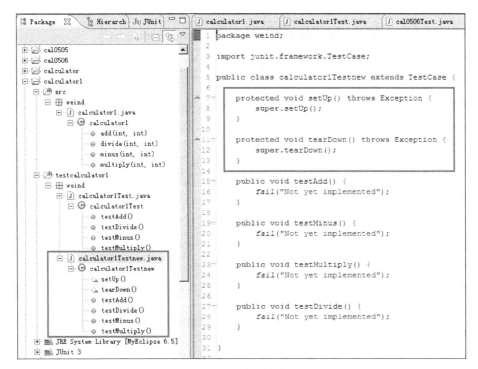

图 14.5　6 个测试方法

第 5 步,通过"private calculator1 cal;"定义一个对象,如图 14.6 所示。

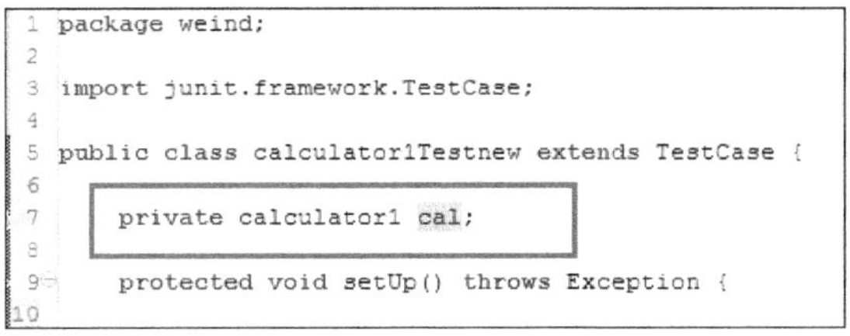

```
1 package weind;
2
3 import junit.framework.TestCase;
4
5 public class calculator1Testnew extends TestCase {
6
7     private calculator1 cal;
8
9     protected void setUp() throws Exception {
10
```

图 14.6　定义一个对象

不难理解,其中 calculator1 为被测类,cal 为定义的对象。

第 6 步,在 setUp()中,通过"cal=new calculator1();"实例化对象,如图 14.7 所示。

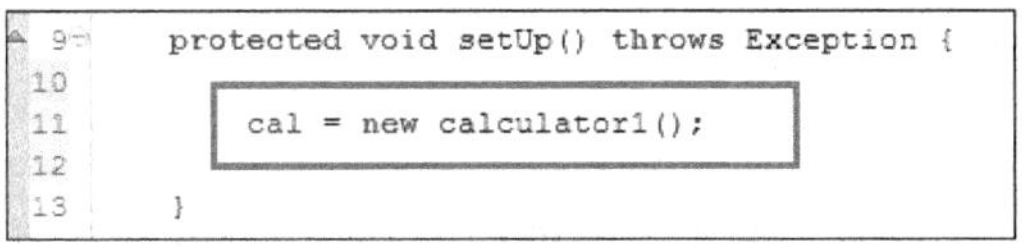

```
9     protected void setUp() throws Exception {
10
11        cal = new calculator1();
12
13    }
```

图 14.7　实例化对象

第 7 步,在 testAdd()、test Divide()、testMinus()和 testMultiply()各测试方法中添加断言以进行测试,如图 14.8 所示。

第 8 步,使用 JUnit 重新运行测试代码。在 calculator1Testnew.java 上右击,在弹出的快捷菜单中,选择 Run As|JUnit Test 菜单选项,启动 JUnit 并查看测试结果,如图 14.9 所示。

```
17    public void testAdd() {
18        Assert.assertEquals(5,cal.add(2, 3));
19        Assert.assertEquals(0,cal.add(-1, 1));
20        Assert.assertEquals(2,cal.add(2, 0));
21        Assert.assertEquals(2,cal.add(0, 2));
22    }
23
24    public void testMinus() {
25        Assert.assertEquals(-2,cal.minus(0, 2));
26        Assert.assertEquals(0,cal.minus(2, 2));
27    }
28
29    public void testMultiply() {
30        Assert.assertEquals(0,cal.multiply(0, 2));
31        Assert.assertEquals(6,cal.multiply(3, 2));
32    }
33
34    public void testDivide() {
35
36        try {
37            Assert.assertEquals(3,cal.divide(6, 2));
38        } catch (Exception e) {
39            // TODO Auto-generated catch block
40            e.printStackTrace();
41        }
42
43    }
```

图 14.8　各测试方法中添加的断言

图 14.9　JUnit 测试结果

　　至此,应用 JUnit 测试代码重构的知识,针对计算器的加减乘除运算功能重新开展了单元测试。显然,与图 14.1 所示的代码相比,此时的测试代码进行了大量的简化。经过测试代码的重构,程序无论是在阅读层面还是在执行效率层面都有着显著地提高。因此,在实际工作中应注意测试代码重构的应用。

4. 拓展练习

　　使用 JUnit 工具,应用 JUnit 测试代码重构的知识,对求整数数组中的最大数程序的源代码进行单元测试。源代码参见实验 12 的拓展练习。

实验 15　JUnit 大型实例

1. 实验目标

- 能够使用 JUnit 对某地铁站的售票程序进行测试。
- 能够举一反三针对其他实例开展测试。

2. 背景知识

JUnit 是面向 Java 语言的单元测试框架,是 Java 社区中知名度最高的一款开源的单元测试工具。学习 JUnit 的相关知识后,本实验以某地铁站的售票程序为例,采用 JUnit 进行大型实例的单元测试,旨在加深读者对 JUnit 单元测试框架应用的认识和理解。

1) 地铁站售票系统需求

地铁站售票系统的需求简要描述如下。

(1) 地铁站的票价依据线路的不同而存在差异,A 类路线票价为 2 元,B 类路线票价为 4 元。

(2) 该售票系统仅支持 1 元硬币、5 元或 10 元纸币的投入。

(3) 若投入一定面值的纸币或硬币,选择路线类型,当投入金额少于该路线类型的票价时,系统提示"请继续投币"。

(4) 若投入一定面值的纸币或硬币,选择路线类型,当投入金额等于该路线类型的票价时,系统送出相应的地铁票。

(5) 若投入一定面值的纸币或硬币,选择路线类型,当投入金额大于该路线类型的票价时,系统送出相应的地铁票并找零(零钱均为 1 元硬币)。

(6) 若售票系统没有零钱时,再投入一定面值的纸币或硬币,选择路线类型,当投入金额大于该路线类型的票价时,系统不送出地铁票且退还投入的金额。

2) 地铁站售票系统源程序

地铁站售票系统的源程序如下。

```
package metroSaleTicket;

public class MetroSaleTicket {

    private int inputTotalMoney, countOfOneYuan;
    //定义允许的地铁路线的类型:A 类 2 元,B 类 4 元
    private String[] typeOfTickets={"TypeA", "TypeB"};
    private String resultOfDeal;
    public MetroSaleTicket()
    {
        initial();
    }
```

```java
private void initial()
{
    countOfOneYuan=100;                    //1元硬币的数量,初始为 100 个
}
public MetroSaleTicket(int oneYuan)
{
    countOfOneYuan=oneYuan;
}
public String currentState()               //当前状态
{
    String state="Current State\n"+
            "1 Yuan: "+countOfOneYuan;
    return state;
}
public String operation(String type,String money)
//type 是用户选择的路线类型,money 是用户投币的种类
{
    if(money.equalsIgnoreCase("1yuan"))                //若投入 1 元钱
    { inputTotalMoney=inputTotalMoney+1; countOfOneYuan=countOfOneYuan+1; }
        else if(money.equalsIgnoreCase("5yuan"))       //若投入 5 元钱
        { inputTotalMoney=inputTotalMoney+5; }
            else if(money.equalsIgnoreCase("10yuan"))  //若投入 10 元钱
            { inputTotalMoney=inputTotalMoney+10; }
    if(inputTotalMoney<2)
    {
        resultOfDeal="Not enough money!";              //投入的钱少于 2 元,返回钱不足
        return resultOfDeal;
    }
        else if(type.equals(typeOfTickets[0])
        &&(countOfOneYuan>=inputTotalMoney-2))     //若选择 A 类票且系统足够找零
        {
            countOfOneYuan=countOfOneYuan-(inputTotalMoney-2);
            resultOfDeal="Input Information\n"+
            "Type: A;  Money: 2Yuan \n"+currentState();
            return resultOfDeal;
        }
            else if(type.equals(typeOfTickets[0])
            &&(countOfOneYuan<inputTotalMoney-2))     //若选择 A 类票且系统不够找零
            {
                resultOfDeal=" Not enough Change!";
                 return resultOfDeal;
            }
                else if(type.equals(typeOfTickets[1])
```

```
            &&(inputTotalMoney<4))  //若选择B类票且投入的钱少于4元,返回钱不足
        {

            resultOfDeal=" Not enough Money";
            return resultOfDeal;

        }

            else if(type.equals(typeOfTickets[1])
            &&(countOfOneYuan>=inputTotalMoney-4))
                                    //若选择B类票且系统足够找零
        {
            countOfOneYuan=countOfOneYuan-(inputTotalMoney-4);
            resultOfDeal="Input Information\n"+
            "Type: B;  Money: 2Yuan \n"+currentState();
            return resultOfDeal;

            else if(type.equals(typeOfTickets[1])
            &&(countOfOneYuan<inputTotalMoney-4))
                                    //若选择B类票且系统不够找零
        {

            resultOfDeal=" Not enough Change!";
            return resultOfDeal;
        }

            else
        {                           //其他状态,返回异常
            resultOfDeal="Failure Information\n"+"Money
            Error";
            return resultOfDeal;

        }

    }

}
```

下面依据上述系统需求及源程序,从实践角度介绍JUnit单元测试。

3. 实验任务

结合某地铁站的售票系统需求及源程序,采用operation()方法编写测试代码并执行测试。

第1步,结合某地铁站的售票系统需求及源程序绘制程序流程图,如图15.1所示。

第2步,启动MyEclipse。选择"开始"|"程序"|MyEclipse6.5|MyEclipse 6.5菜单选项,进入MyEclipse主界面。

第3步,创建一个Java项目。选择file|New|Java Project菜单选项,打开图15.2所示的New Java Project对话框,并将项目命名为MetroSaleTicket,单击Next按钮。

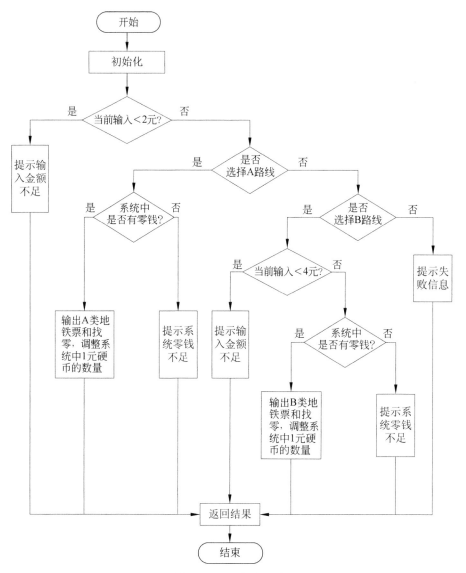

图 15.1 程序流程图

第 4 步,在打开的页面中选择 Libraries 选项卡,如图 15.3 所示。

第 5 步,添加 JUnit 类库。单击 Add Library···按钮,打开 Add Library 对话框,选择 JUnit 类库,并单击 Next 按钮,如图 15.4 所示。

第 6 步,选择 JUnit 版本。在打开的图 15.5 所示对话框中选择 JUnit3,并单击 Finish 按钮,打开图 15.6 所示对话框,可看到新引入的 JUnit 3。

第 7 步,在图 15.6 中单击 Finish 按钮,可成功创建已引入了 JUnit 3 类库的 MetroSaleTicket 项目,如图 15.7 所示。

第 8 步,创建一个包。在 src 上右击,在快捷菜单中选择 New|Package 菜单选项,如图 15.8 所示,创建包。

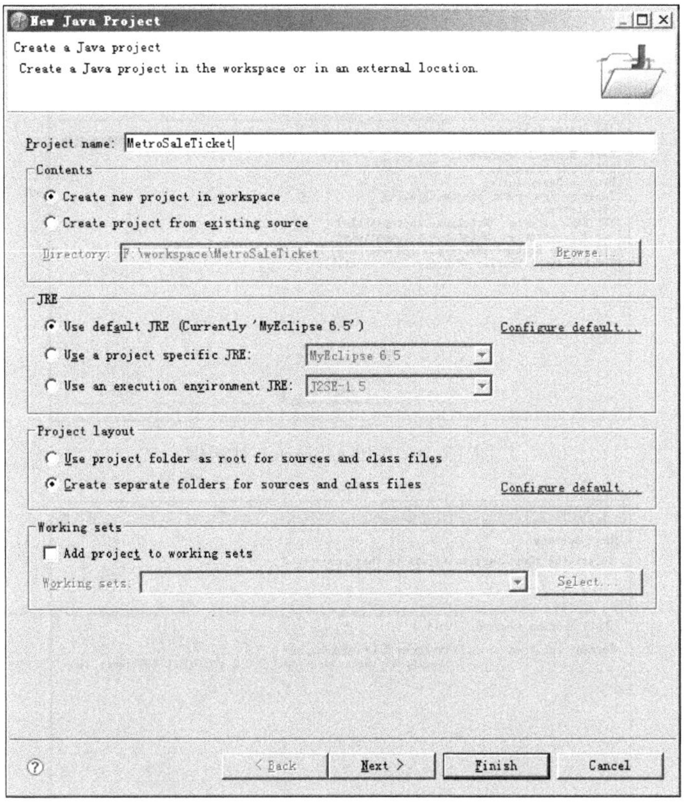

图 15.2　New Java Project 对话框

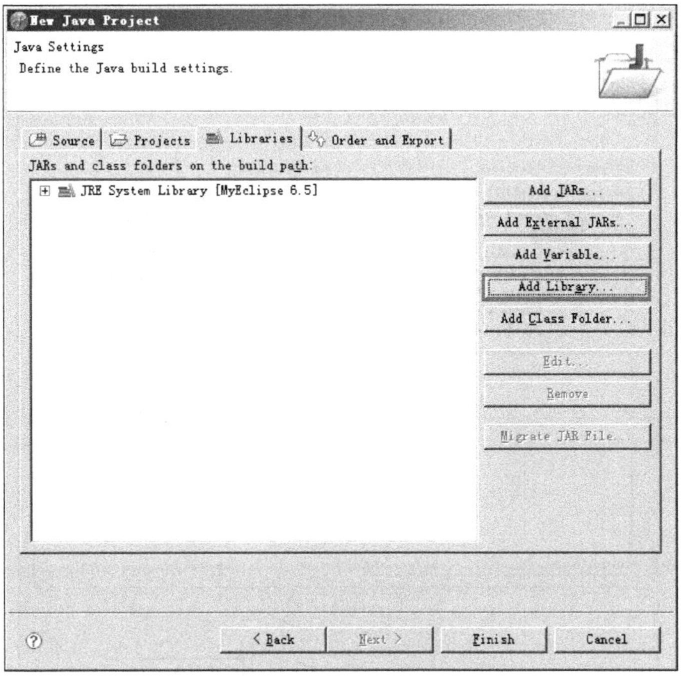

图 15.3　Libraries 选项卡

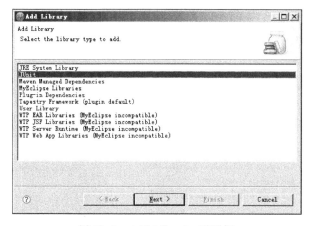

图 15.4　Add Libraries 对话框

图 15.5　选择 JUnit 版本

图 15.6　引入 JUnit 3

图 15.7　MetroSaleTicket 项目

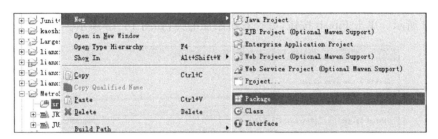

图 15.8　创建包

　　第 9 步,给包命名。打开 New Java Package 对话框,在 Name 文本框中输入 metroSaleTicket,如图 15.9 所示。单击 Finish 按钮,可查看新添加的包,如图 15.10 所示。

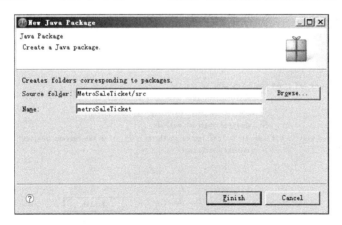

图 15.9　New Java Package 对话框

图 15.10　新添加的包

　　第 10 步,在包上创建类。在田 metroSaleTicket 上右击,在快捷菜单中选择 New|Class 菜单

选项,如图 15.11 所示,创建 Class。

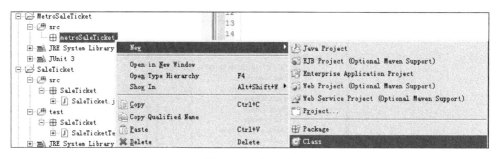

图 15.11　创建类

第 11 步,给类命名。打开 New Java Class 话框,在 Name 文本框中输入 MetroSaleTicket,如图 15.12 所示。单击 Finish 按钮,可查看新添加的类,如图 15.13 所示。

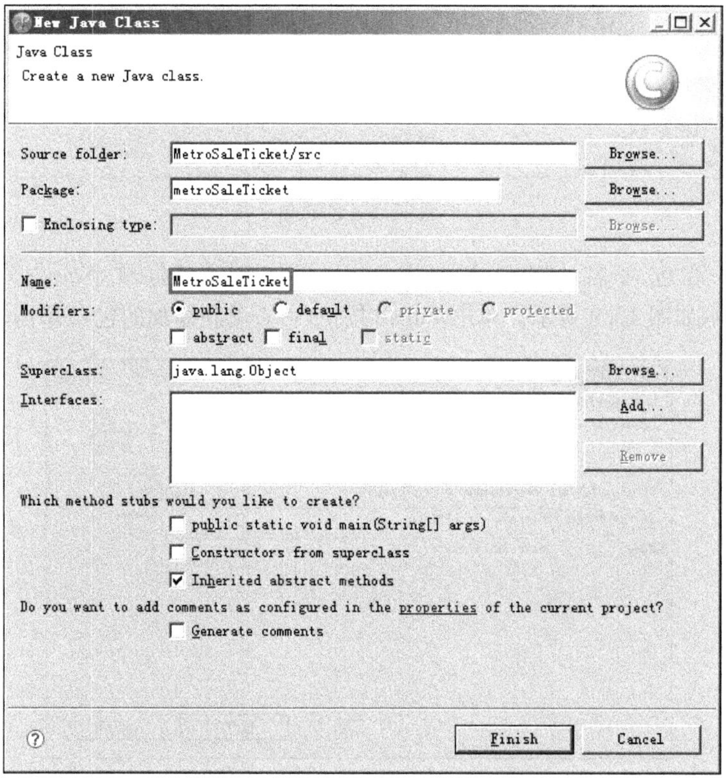

图 15.12　New Java Class 对话框

图 15.13 中代码的含义为引入一个名为 MetroSaleTicket 的包,设定了一个 public 类型的类,类名为 MetroSaleTicket。

第 12 步,编写源代码。在 MetroSaleTicket. java 的 public class MetroSaleTicket 中输入地铁站售票系统的源程序,如图 15.14 所示。

下面可对图 15.14 所示源代码进行后续相关代码测试工作。

在正式编写测试代码之前,思考一下该地铁站售票系统源程序的输入和输出分别是什么?

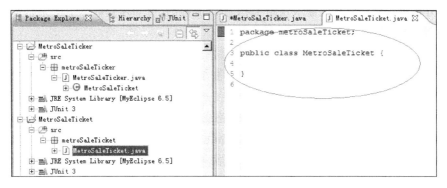

图 15.13 新添加的类

```
1  package metroSaleTicket;
2
3  public class MetroSaleTicket {
4      private int inputTotalMoney, countOfOneYuan;
5      //定义允许的地铁路线的类型：A类2元、B类4元
6      private String[] typeOfTickets = {"TypeA", "TypeB"};
7      private String resultOfDeal;
8      public MetroSaleTicket()
9      {
10          initial();
11      }
12      private void initial()
13      {
14          countOfOneYuan = 100;           //1元硬币的数量，初始为100个
15      }
16      public MetroSaleTicket(int oneYuan)  //带参数的构造函数，即构造方法：初始化操作
17      {
18          countOfOneYuan = oneYuan;
19      }
20      public String currentState()        //当前状态
21      {
22          String state = "Current State\n" +
23                      "1 Yuan:  " + countOfOneYuan;
24          return state;
25      }
26      public String operation(String type,String money)
27       //type是用户选择的路线类型，money是用户投币的种类
28      {
29          if (money.equalsIgnoreCase("1yuan"))    //若投入1元钱
30          { inputTotalMoney= inputTotalMoney+1; countOfOneYuan= countOfOneYuan+1;}
31              else if (money.equalsIgnoreCase("5yuan"))    //若投入5元钱
32              { inputTotalMoney= inputTotalMoney+5;}
33                  else if (money.equalsIgnoreCase("10yuan")) //若投入10元钱
34                  { inputTotalMoney= inputTotalMoney+10;}
35          if(inputTotalMoney<2 )
36          {
37              resultOfDeal = "Not enough money!";    //投入的钱少于2元，返回钱不足
```

图 15.14 编写源代码

此问题的答案与后续测试代码的关系密切，应细细体会。

经分析得知，此程序的输入为 type(TypeA、TypeB)、money(1Yuan、5Yuan、10Yuan)，输出为 resultOfDeal，而 resultOfDeal 的值可能由字符串组成或字符串与 currentState() 方法的值共同组成，在编写测试代码时需明确分析。

第 13 步，设计测试用例。采用逻辑覆盖方法及基本路径法等进行测试用例的设计。在此，以基本路径法为例进行测试用例设计。

（1）分析地铁站售票系统需求及图 15.1 所示流程图，可知须提取以下 7 条基本路径进行测试用例设计。

基本路径 1：当前输入<2 元—提示输入金额不足。

基本路径 2：当前输入>=2 元—选择 A 路线—有零钱—输出 A 类地铁票和找零，调整 1 元钱的数量。

基本路径 3：当前输入>=2 元—选择 A 路线—无零钱—提示系统零钱不足。

基本路径 4：当前输入>=2 元—选择 B 路线—当前输入<4 元—提示输入金额不足。

基本路径 5：当前输入>=2 元—选择 B 路线—当前输入>=4 元—有零钱—输出 B 类地铁票和找零，调整 1 元钱的数量。

基本路径 6：当前输入>=2 元—选择 B 路线—当前输入>=4 元—无零钱—提示系统零钱不足。

基本路径 7：当前输入>=2 元—选择 A 或 B 路线外的其他内容—提示失败信息。

（2）基于上述 7 条基本路径设计测试用例设计，如表 15.1 所示。

表 15.1　测试用例设计

覆盖路径	输入 type	输入 money	状　态	预　期　输　出
基本路径 1	TypeA	1Yuan	countOfOneYuan＝100 个	Not enough money!
基本路径 2	TypeA	5Yuan	countOfOneYuan＝100 个	Input Information Type：A；Money：2Yuan Current State 1 Yuan：97
	TypeA	10Yuan	countOfOneYuan＝100 个	Input Information Type：A；Money：2Yuan Current State 1 Yuan：92
基本路径 3	TypeA	5Yuan 或 10Yuan	countOfOneYuan＝0 个	Not enough Change!
基本路径 4	TypeB	3Yuan	countOfOneYuan＝100 个	Not enough money!
基本路径 5	TypeB	5Yuan	countOfOneYuan＝100 个	Input Information Type：B；Money：4Yuan Current State 1 Yuan：99
	TypeB	10Yuan	countOfOneYuan＝100 个	Input Information Type：B；Money：4Yuan Current State 1 Yuan：94
基本路径 6	TypeB	5Yuan 或 10Yuan	countOfOneYuan＝0 个	Not enough Change!
基本路径 7	TypeC	5Yuan 或 10Yuan	countOfOneYuan＝任意值	Failure Information Type Error

值得提醒的是，表 15.1 中的测试用例仅由基本路径测试法得出，旨在抛砖引玉，可采用边界值分析法及错误推测法等进行测试用例的追加和补充。

第14步，创建源文件夹。在项目  MetroSaleTicket 上右击，在快捷菜单中选择 New|
Source Folder 菜单选项，如图 15.15 所示，创建源文件夹。

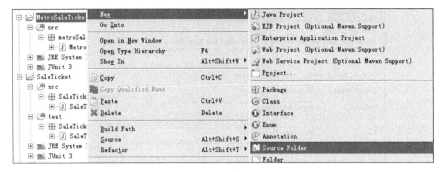

图 15.15　创建源文件夹

第15步，给源文件夹命名。打开 New Source Folder 对话框，在 Folder name 文本框中输入 test，如图 15.16 所示。单击 Finish 按钮，可查看新添加的源文件夹，如图 15.17 所示。

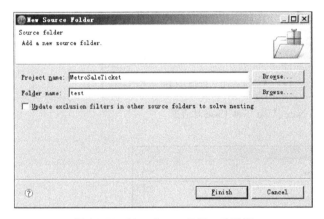

图 15.16　New Source Folder 对话框

图 15.17　新添加的源文件夹

第16步，针对待测试类创建 JUnit 测试用例。在待测试类 MetroSaleTicket 上右击，在快捷菜单中选择 New|JUnit Test Case 菜单选项，如图 15.18 所示，创建 JUnit 测试用例。

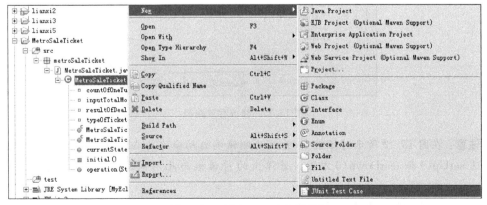

图 15.18　创建 JUnit 测试用例

第 17 步,修改测试代码存放路径。打开 New JUnit Test Case 对话框,如图 15.19 所示,单击 Browse 按钮,修改存放路径为 test,如图 15.20 所示,并单击 OK 按钮。

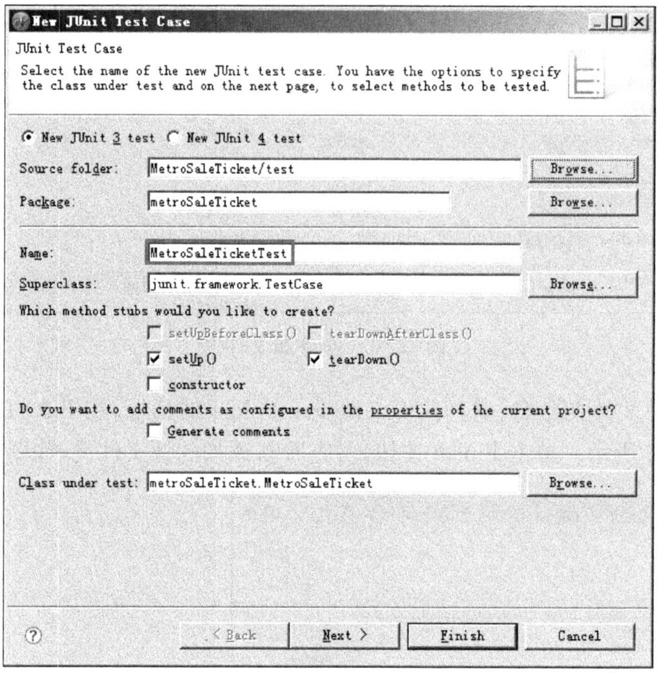

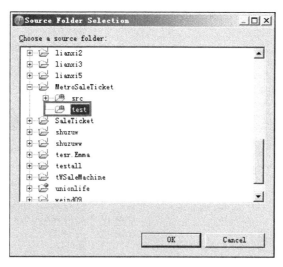

图 15.19　New JUnit Test Case 对话框

图 15.20　修改存放路径

注意: 在图 15.19 所示对话框中,系统为测试类自动命名为 MetroSaleTicketTest,且已自动勾选 setUp()和 tearDown()方法。若弹出的对话框与此不同,则请手动勾选 setUp()和 tearDoun()方法。

第 18 步,添加测试方法。返回图 15.19 所示对话框单击 Next 按钮,打开图 15.20 所示对话框,选择所需测试方法,如图 15.21 所示。

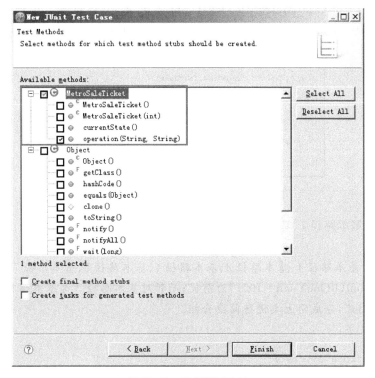

图 15.21　选择测试方法

第 19 步,单击 Finish 按钮关闭对话框,可查看在 test 下存放的 MetrpSa；etocjetTest. java 中显示出 setUp()、tearDown()及 testOperation()测试方法,如图 15.22 所示。

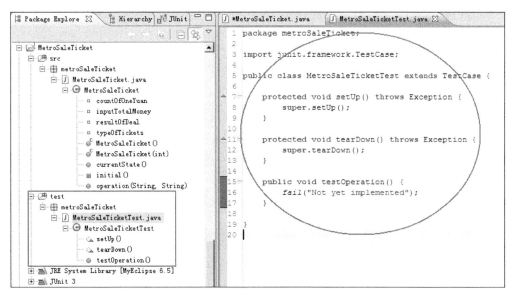

图 15.22　显示测试方法

第 20 步，编写测试代码。

首先，通过"private MetroSaleTicket obj;"定义一个对象，并通过"obj = new MetroSaleTicket();"进行对象实例化，代码如图 15.23 所示。

```
1  package metroSaleTicket;
2
3  import junit.framework.TestCase;
4
5  public class MetroSaleTicketTest extends TestCase {
6
7      private MetroSaleTicket obj;
8
9      protected void setUp() throws Exception {
10          obj = new MetroSaleTicket();
11          //super.setUp();
12      }
```

图 15.23 定义对象并进行对象实例化

其次，针对基本路径 1、基本路径 2、基本路径 4、基本路径 5、基本路径 7 进行测试代码编写。

注意：针对基本路径 1、基本路径 2、基本路径 4、基本路径 5、基本路径 7 的测试代码，均以源代码的"countOfOneYuan=100;"为前提；而针对基本路径 3 与基本路径 6 的相关测试代码则例外。因此，分成两大类进行简要介绍。

测试代码如下：

```
package metroSaleTicket;

import junit.framework.Assert;
import junit.framework.TestCase;

public class MetroSaleTicketTest extends TestCase {

    private MetroSaleTicket obj;

    protected void setUp() throws Exception {
        obj=new MetroSaleTicket();
        //super.setUp();
    }

    protected void tearDown() throws Exception {
        super.tearDown();
    }

    //基本路径 1
    public void testOperation1() {
        String except="Not enough money!";
        Assert.assertEquals(except,obj.operation("TypeA", "1yuan"));
    }

    //基本路径 2
```

```
public void testOperation2() {
    String except="Input Information\n"+
    "Type: A; Money: 2Yuan \n"+"Current State\n"+
    "1 Yuan: "+97;
    Assert.assertEquals(except,obj.operation("TypeA", "5yuan"));
}


//基本路径 3
public void testOperation3() {
    String except="Input Information\n"+
    "Type: A; Money: 2Yuan \n"+"Current State\n"+
    "1 Yuan: "+92;
    Assert.assertEquals(except,obj.operation("TypeA", "10yuan"));
}


//基本路径 4
public void testOperation4() {
    String except="Not enough money!";
    Assert.assertEquals(except,obj.operation("TypeB", "3yuan"));
}


//基本路径 5
public void testOperation5() {
    String except="Input Information\n"+
    "Type: B; Money: 4Yuan \n"+"Current State\n"+
    "1 Yuan: "+99;
    Assert.assertEquals(except,obj.operation("TypeB", "5yuan"));
}


//基本路径 6
public void testOperation6() {
    String except="Input Information\n"+
    "Type: B; Money: 4Yuan \n"+"Current State\n"+
    "1 Yuan: "+94;
    Assert.assertEquals(except,obj.operation("TypeB", "10yuan"));
}


//基本路径 7
public void testOperation7() {
    String except="Failure Information\n"+"Type Error";
    Assert.assertEquals(except,obj.operation("TypeC", "10yuan"));
}
}
```

第 21 步，使用 JUnit 运行测试代码。在 MetroSaleTicketTest.java 上右击，在弹出的快捷菜单中，如图 15.24 所示，选择 Run As|JUnit Test 菜单选项，启动 JUnit。

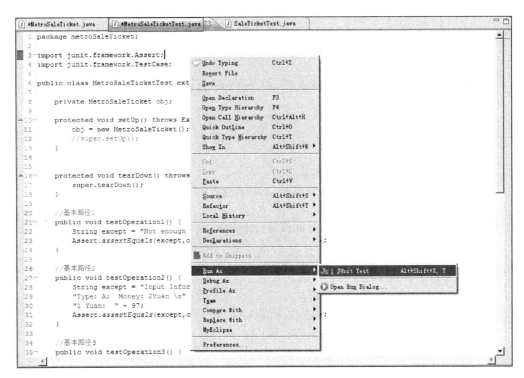

图 15.24　启动 JUnit

第 22 步,查看 JUnit 中的测试结果,如图 15.25 所示。

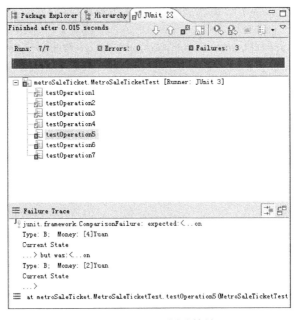

图 15.25　JUnit 测试结果

第 23 步,分析 JUnit 中的测试结果。

结果 1:testOperation1～testOperation4,期望结果与实际结果一致,证明源程序通过相应测试用例的测试。

结果 2：testOperation5 显示为 Failure，结果分析如图 15.26 所示。

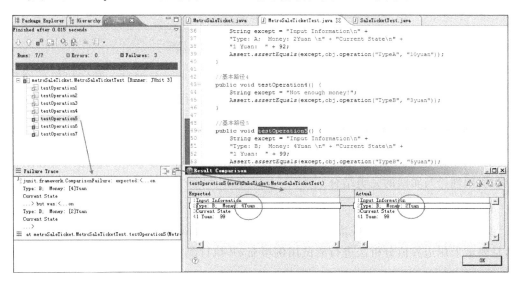

图 15.26　testOperation5 测试结果与分析

经分析可知，图 15.27 所示源代码中的 Money：2Yuan 应修改为 Money：4Yuan。

```
else if (type.equals(typeOfTickets[1]) &&(countOfOneYuan >= inputTotalMoney-4))
{
    countOfOneYuan = countOfOneYuan- (inputTotalMoney-4);
    resultOfDeal = "Input Information\n" +
    "Type: B; Money: 2Yuan \n" + currentState();
    return resultOfDeal;
}
```

图 15.27　testOperation5 相关源代码

结果 3：testOperation6 显示为 Failure，具体情况与 testOperation5 一致，不再赘述。

结果 4：testOperation7 显示为 Failure，结果分析如图 15.28 所示。

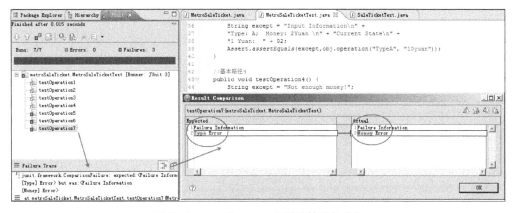

图 15.28　testOperation7 测试结果与分析

经分析可知，图 15.29 所示源代码中的 Money Error 应修改为 Type Error。

```
else
{    // 其他状态 返回异常
    resultOfDeal = "Failure Information\n" + "Money Error"
    return resultOfDeal;
}
```

图 15.29 testOperation7 相关源代码

第 24 步,填充测试代码,针对基本路径 3 和基本路径 6 进行测试。测试代码的编写参考第 20 步,唯一不同的是,需将源程序中的初始化数据进行修改,即将"countOfOneYuan＝100;"修改为"countOfOneYuan＝0;"。此处不再赘述。

至此,使用 JUnit 对某地铁站的售票系统需求及源程序进行了单元测试。读者应结合当前实例,熟练掌握 JUnit 常用断言及单元测试的开展,并进一步回顾测试用例设计的相关知识,实现理论与实践的完美结合。

4. 拓展练习

结合某地铁站的售票系统需求及源程序,采用 operation()方法编写测试代码并执行测试,且要求采用边界值分析法进行测试用例填充,并执行测试。

第二篇 项目实训

　　基于第一篇的学习,相信读者已掌握了接口测试技术及白盒测试技术等,想必有些读者已经不满足于仅进行某个专项测试,而希望向更高层次发展,乃至从事覆盖整体软件测试流程的各环节的测试工作。因此,本篇将放眼整体软件测试流程,以旅馆住宿系统为例,对软件测试流程中的各环节工作进行介绍,结合真实项目介绍完整的软件测试工作流程。其中,主干环节包括测试计划制订、测试用例设计、测试用例管理与统计、缺陷提交与跟踪,以及测试总结与分析等。

　　首先,熟悉一下软件测试完整流程中的各环节工作。

1. 需求分析

　　需求分析阶段是软件开发工作的首要阶段。该阶段的主要工作是将客户抽象的需求进行详细的分析,并将其转化成具体的功能点。一般由开发、市场、需求、质量保证等部门的人员共同参与。为了详细了解软件功能以便更好地进行测试工作,建议测试人员也参与到需求分析的工作中。

2. 测试计划制订

　　测试计划制订属于测试的先期准备阶段,该阶段的主要工作是对将要进行的测试工作做出整体计划安排,如时间进度的安排、测试范围的设定、测试类型的设计、项目风险的预测等。值得提醒的是,在制订计划时应参照项目交付进度,客观分析各模块工作量,以保证计划质量。

3. 测试设计与开发

　　测试设计与开发阶段的工作包含两部分内容:一部分是设计,主要是参照各种相关文档对测试进行设计,包括测试需求的分析和测试用例的设计;另一部分是开发,主要是按照设计的方案及要求实施准备,开发工作包括测试用例数据的准备、测试工具的配置、测试脚本的开发录制与维护等。测试设计与开发阶段的工作可一直持续到软件测试工作结束。

4. 测试实施

　　测试实施阶段的主要工作是依据上一阶段中确定的测试用例和数据、开发出的测试脚本等,在被测系统中具体执行测试,从而发现不同类型的系统缺陷。

5. 测试评估与总结

　　测试评估与总结阶段的主要工作是在测试结束后,对整个测试过程与产品最终质量进行评估,并总结相关经验教训。

　　至此,简要介绍了软件测试过程中的各环节工作。基于上述介绍,需要注意以下几点。

（1）上述软件测试流程并非唯一标准，不同软件企业所采用测试流程或许存在一定差异，但核心环节保持一致。

（2）为了更好地保证软件质量，每个阶段结束时都应进行相应的评审，待评审通过后进入下一阶段。相应的评审阶段未于上述流程中列出，可根据实际工作情况酌情选择是否评审及评审的力度。

（3）在需求分析阶段，测试人员一般只需参与需求评审，无须提交交付物。

后续章节中，将通过旅馆住宿系统的实例，针对测试计划制订、测试用例设计、测试用例管理与统计、缺陷提交与跟踪，以及测试总结与分析各测试环节，以相应成果交付物样例为驱动，详细介绍完整的软件测试工作流程。

本篇所包含实训内容如下。

- 实训Ⅰ　旅馆住宿系统测试计划制订。
- 实训Ⅱ　旅馆住宿系统测试用例设计。
- 实训Ⅲ　旅馆住宿系统测试用例管理与统计。
- 实训Ⅳ　旅馆住宿系统缺陷提交与跟踪。
- 实训Ⅴ　旅馆住宿系统测试总结与分析。

实训Ⅰ 旅馆住宿系统测试计划制订

在测试计划制订设计阶段,测试人员需要完成的交付物为《测试计划》,以下为旅馆住宿管理系统的测试计划,仅供参考。通过此测试计划文档样例的呈现,旨在让读者结合真实项目进一步体现测试计划的制订过程。

限于篇幅,封面、文档属性及目录等不再赘述。测试计划实例中附有注释、说明等信息,以方便理解。

1. 引言

引言部分主要描述文档的编写目的、背景、参考资料等相关内容。

1)编写目的

针对旅馆住宿管理系统编写本次测试计划,本文档对后续测试工作安排进行具体规划,一方面,明确整个项目组的测试进度、人员分配及主要职责等,以便测试组成员更好地进行合作;另一方面,该文档定义软件测试策略、方法、范围、进度、资源等,指导测试活动的进行,使测试组成员对具体工作有更清晰的了解,按照测试计划进行后期测试工作。从根本上保证系统的切实可行性。

引导部分明确该测试计划的阅读对象,包括程序管理人员、开发人员、测试人员、体验用户、产品管理人员及发布管理人员等。

2)背景

项目名称:旅馆住宿管理系统。

项目的提出方:旅馆住宿管理中心。

项目承接方:河北师范大学旅馆住宿项目组。

本项目以规范旅馆行业管理,建立一流的旅游管理产业为目的。希望为游客提供快捷的预定系统,为旅馆提供操作简单、使用高效的住宿管理系统,为旅馆住宿管理中心提供便于实时监督、数据统计分析、规范化管理的系统,使旅馆住宿管理中心能够及时获取有效数据信息并进行通知的发布。

3)参考资料

参考资料包括《项目章程》《项目规划》《风险登记册》《WBS》《旅馆住宿管理系统需求确认书》。

4)测试提交成果

测试提交成果包括《旅馆住宿管理系统测试计划》《旅馆住宿管理系统测试用例》《旅馆住宿管理系统缺陷报告》《旅馆住宿管理系统测试报告》。

2. 测试范围和需求

测试范围和需求部分主要根据软件项目的实际特点确定测试的范围和需求。部分软件项目除需开展基本的功能测试外,可能还包括性能测试、安全性测试、兼容性测试、性能测试等。如有特殊需求,可于此处一并提出。

1）系统使用角色

旅馆住宿管理系统主要包括游客、旅馆业主及旅馆住宿管理中心管理员三大类用户，如表Ⅰ.1所示。

表Ⅰ.1　系统用户

用　户	使用者	权限范围
旅馆住宿管理中心管理员	旅馆住宿管理中心管理员	可及时进行通知的发布和接收；实时查看各旅馆的房间信息并进行某时间段的整体房间信息的统计，如房间价格走势、游客的来源分布、营业额（收入）等
旅馆业主	各旅馆管理员	可以维护并发布自家旅馆的房间信息，能够及时处理游客预订信息；当游客到达旅馆时，可为游客及时办理入住、续租、换房及结算等业务；若游客不能按时入住旅馆时，可办理房间退订业务
游客	未注册用户、已注册用户	游客可快速查找合适的旅馆和房间。未注册用户可进行旅馆及房间浏览；已注册用户可进行房间预订、查看订单及退订操作

2）测试范围

本次测试的测试范围为游客、旅馆业主及旅馆住宿管理中心管理员 3 类用户的全部功能，如表Ⅰ.2所示。

表Ⅰ.2　测试范围

用户	类别	子　模　块	描　　　述	主要测试人
游客	未注册用户	浏览旅馆信息	游客可在网站上浏览各家旅馆的信息	测试 A、B
		浏览房间信息	游客可在网站上浏览各家旅馆下的房间信息	测试 A、B
		注册	进行注册操作，注册后可登录	测试 A、B
	已注册用户	登录	游客可登录系统，进行预订、退订等操作	测试 A、B
		游客预订	游客查看房间信息后，可进行房间预订并生成预订订单	测试 A、B
		游客退订	游客进行房间预订后，可自主办理房间退订	测试 A、B
		我的预订	查看游客个人的房间预订记录和订单详情	测试 A、B
旅馆业主	有账号人员	管理房间	旅馆业主可进行房间添加、修改、删除及查看操作	测试 A、B
		预订/退订管理	当游客进行预订后，旅馆业主可以对预订记录进行确认，以及办理游客退订	测试 A、B
		办理预订	为打电话的游客办理预订	测试 A、B
		办理入住	为来住宿的游客办理入住	测试 A、B
		办理续租	为已入住的游客办理续租	测试 A、B
		办理换房	为已入住的游客办理换房	测试 A、B
		办理结算	为已入住的游客办理结算	测试 A、B
		查看入住明细	查看已入住房间当前入住的详细信息	测试 A、B
		接收通知	可接收旅馆住宿管理中心发送的通知	测试 A、B
		修改密码	可修改个人密码	测试 A、B

用户	类别	子模块	描　　述	主要测试人
旅馆住宿管理中心管理员	有账号人员	发布通知	给指定的旅馆或整体旅馆发布通知	测试 A、B
		统计旅馆信息	统计各家旅馆的房间价格走势、游客的来源分布、营业额(收入)等	测试 A、B
		维护旅馆账号	可添加、删除、修改、查看旅馆账号,并分配用户名与密码	测试 A、B

3. 测试任务与进度

测试任务与进度部分主要描述各项测试工作及所预计的时间。

1) 整体测试进度

整体测试进度安排如表Ⅰ.3所示。

表Ⅰ.3　测试整体进度

测试阶段	时　间	主　要　任　务	阶段完成标志	备　注
测试计划制订	×××—×××	阅读系统需求及相关资料; 编写测试计划; 分派测试任务	提交《旅馆住宿管理系统测试计划》并通过评审	
设计测试	×××—×××	部署测试用例管理系统; 熟悉系统需求并设计测试用例; 测试中同步、细化、更新用例	TestLink 部署完毕,并可正常使用; 提交《旅馆住宿管理系统测试用例》	本项目用 TestLink 工具管理测试用例
部署测试环境	×××—×××	部署测试环境; 准备相关测试工具	环境部署成功,可进行测试	
执行测试	×××—×××	功能测试,参照开发进度开展; 细化测试用例; 提交缺陷报告; 进行 BVT 及回归测试	每日邮件测试情况汇报;提交《旅馆住宿管理系统测试报告》	附于开发部门每日提交的功能点进度
随机测试	×××—×××	组织项目组成员进行随机测试		
测试报告编写	×××—×××	进行测试情况汇总; 编写测试报告		
验收测试	×××—×××	协助用户进行系统验收。	签署验收通过协议	

2) 细化测试执行进度

依据上述整体测试进度,细化测试执行进度如表Ⅰ.4所示。

表Ⅰ.4　细化测试执行进度

测　试　任　务	测试用时/天	风险期/天
登录/房间管管理/添加旅馆/删除旅馆/修改旅馆的信息/游客注册	1	0.5
游客预订/游客退订/我的预订	2	1
入住/结算/续租/查看入住明细	5	1

测 试 任 务	测试用时/天	风险期/天
换房/预订和退订的管理/修改密码/发布通知	4	1
统计分析	2	0.5
……	X	X

说明:①附于开发进度之后;②各阶段中包含了 BVT 及回归测试用时;③限于篇幅,表中未全部列出各项测试工作用时,仅供参考。

4. 测试类型

测试类型部分介绍本次测试采用的测试方法(黑盒测试、白盒测试)及测试类型(系统测试、易用性测试等)。

1)测试类型及优先级

本项目测试类型及优先级如表Ⅰ.5所示。

表Ⅰ.5 测试类型及优先级

编号	测试需求项	优先级
1	功能测试	1
2	界面测试	2
3	易用性测试	2
4	兼容性测试	3
5	性能测试	4
6	安全性测试	5

说明:结合时间及项目实际要求,性能测试及安全性测试将在项目二期中开展,进一步保障系统稳定性。

2)功能测试

功能测试主要验证旅馆住宿管理系统的功能是否满足《旅馆住宿管理系统需求确认书》中所规定的功能性需求,具体如表Ⅰ.6所示。

表Ⅰ.6 功能测试规划

项 目	说 明
测试目标	确保软件需求说明书中要求的各个功能模块全部按需求实现
测试方法和技术	按照测试需求、通过准则、测试用例,采用黑盒测试技术、自动化测试技术,核实以下内容: • 使用合法数据时得到正确的结果(客户端与网站数据同步验证); • 使用非法数据时显示相应的错误提示和容错处理因; • 各个功能模块的功能都得到了正确的应用
完成标准	计划的测试已全部执行; 发现的缺陷修复率达到通过准则的要求; 不能实现的功能测试需求向开发组做了合理的说明或需求变更; 所做修改是否已达到需求的要求
需考虑的特殊事项	对于用户提出的尽量完成的功能,可降低测试优先级

3）界面测试和易用性测试

界面测试和易用性测试要求用户与软件之间的交互能够正常且简易地进行，且界面设计能满足用户需要，如表Ⅰ.7所示。

表Ⅰ.7 界面测试和易用性测试规划

项　　目	说　　明
测试目标	通用目标： • 以符合标准和规范、直观性、一致性、灵活性、舒适性、正确性、使用性7要素为基础，作为界面测试和易用性测试的标准； • 确保各种浏览及各种访问方法(鼠标移动、快捷键等)都使用正常； • 界面整体布局合理，页面清晰、美观，颜色搭配合理，字体恰当，文字对齐，图片大小与位置、弹出窗口的位置合适 特别要求： • 旅馆业主页面简洁、美观、操作流程清晰，且字体要较大，兼顾年龄较大用户的需求； • 游客访问的页面面向广大用户，确保各年龄段人群使用
测试方法和技术	根据整体架构设计及界面原型检验页面元素
完成标准	• 计划的测试已全部执行； • 发现的缺陷修复率达到通过准则的要求； • 定期与客户沟通，能顺利通过用户确认
需考虑的特殊事项	兼顾年龄较大用户的需求

4）兼容性测试

兼容性测试属于系统测试的范畴，包括软件兼容性、数据共享兼容性、硬件兼容性3个方面，如表Ⅰ.8所示。另外，还要考虑多版本的兼容性测试，例如Web系统更多地考虑在不同的浏览器和操作系统上能够流畅地浏览网页。

表Ⅰ.8 兼容性测试规划

项　　目	说　　明
测试目标	保证旅馆住宿管理系统能够在不同操作系统下及不同的浏览器下良好运行，能够实现相关的功能并保持页面的美观等。同时，要求系统能够与二代身份证读卡机友好兼容。 重点：应用程序应与主流浏览器兼容
测试方法和技术	• 在各类型操作系统及浏览器组合上进行浏览测试，且对各用户类型所有的功能模块进行操作测试，同时要求进行页面排版和功能流程的检测； • 考虑到实际情况，各测试人员应采用不同的机器配置及软件配置等进行测试，并结合 IE Tester 进行浏览器兼容性测试
完成标准	• 在各种操作系统及浏览器上都可以浏览和访问相应的功能或数据； • 在各种操作系统及浏览器上进行系统访问，保证各项功能正常使用； • 在各种操作系统及浏览器上进行系统访问，保证页面的美观性及合理性
需考虑的特殊事项	结合用户使用习惯，优先进行 IE 系列浏览器验证

5）BVT/回归测试

每当软件发生变化时,必须重新测试原来已经通过测试的区域,验证修改的正确性及其影响,具体如表Ⅰ.9所示。

表Ⅰ.9 BVT/回归测试规划

项　　目	说　　明
测试目标	验证修改后的缺陷是否已经修复,并且查看是否影响其他的功能流程
测试方法和技术	主要验证前一版本提交的缺陷,按照提交缺陷时给定的数据和操作步骤在最新版本上进行操作验证,并验证该缺陷可能关联的功能模块,执行相关测试用例
完成标准	修复的缺陷得到预先的需求确认,不引发其他新缺陷
需考虑的特殊事项	注意验证已修复与缺陷相关联的功能模块,保证其他模块不受缺陷修复的影响

5. 测试策略

测试策略部分主要对测试过程中所应用的策略进行简单介绍。

1）版本发布策略

（1）测试版本发布策略。

原则1：当进行首轮测试时,若系统主干功能不能通过BVT测试,则需要开发组重新发布版本,再对新版本进行首轮测试。

原则2：遵循每日构建原则。每日构建工作由测试团队负责,每日发布新的测试版本并对其进行BVT测试,BVT测试通过后针对该测试版本进行细测。其中,要求每个成功的测试版本都应该通过BVT测试,并采用SVN进行测试版本管理。

原则3：对于每日的测试版本,如果未通过BVT测试（仍存在缺陷过多或缺陷级别严重）,则可要求重新发布版本,进行第二次BVT测试。

原则4：测试版本编号按照传统的规则编制,即主版本.次版本号.测试版本号。

（2）正式版本发布策略。

原则1：针对已经通过测试组内部测试,将正式发布的版本需做专门的Tag进行标识。

原则2：针对已经通过测试组内部测试,将正式发布的版本需编制正式的版本号,如主版本.次版本。

2）阶段测试策略

针对实际项目情况,测试阶段分为以下阶段。

（1）单元测试阶段。由开发人员针对个人负责的单元或模块进行单元测试。通过本阶段后进行下一阶段的工作。

（2）BVT测试阶段。针对每日测试版本进行版本功能验证,目的是验证该系统版本是否可用,是否能进行具体功能细测,若出现过多限制后续测试的阻塞级别缺陷（Bug）,则需要请开发组发布新版本,通过后方可进入新功能点的细测阶段。

（3）细测阶段。针对通过BVT测试的版本,重点验证软件功能是否满足需求,该阶段由测试人员完成。测试成员对个人负责的功能点依据测试用例进行独立测试,并在测试过程中细化测试用例。同时,在该用例一行中记录该用例执行的状态（是否通过、是否执行、

Bug ID)。

（4）回归测试阶段。当开发人员对缺陷进行了修复并提交测试后，进行该阶段的测试。重点验证缺陷是否解决及相关功能是否受影响。

（5）随机测试阶段。组织项目组成员在空余时间及版本发布前进行随机测试，重点在于设计各种随机用例，发现软件在使用中的各种错误，主要让其他未参与详细测试的成员或开发人员加入并体验系统，进行随机测试。

（6）验收测试阶段。组织旅馆住宿管理中心负责人及旅馆业主代表进行验收测试。其中，测试人员可协助客户进行非测试组内部的工作内容。

3）测试用例管理策略

（1）用例管理系统。采用 TestLink 管理系统进行测试用例的管理。

TestLink 管理系统地址：http://IP /testlink/login.php。

TestLink 登录名：个人的姓名全拼。

TestLink 初始密码：123456。

（2）用例级别。用例级别参照表 I.10。

表 I.10　用例级别

级别	名称	说　　　明
1	高	优先执行且必须在项目结束前全部执行
2	中	次优先执行，80%在项目结束前全部执行
3	低	低优先级执行，在项目时间允许的情况下执行

4）缺陷管理策略

（1）缺陷管理系统。采用 Redmine 缺陷管理系统进行缺陷实时提交和跟踪。

Redmine 缺陷管理系统地址：http://code.XXX。

Redmine 登录名：个人的姓名全拼。

Redmine 初始密码：123456。

（2）缺陷级别。缺陷级别参照表 I.11。

表 I.11　缺陷级别

级别	名称	说　　　明	关闭时限
1	立刻	非常紧迫。严重限制后续测试	0.5 天之内
2	紧急	紧迫级。非常重要且需要立即修改的问题	1 天之内
3	高	高等级。系统级功能实现错误或接口实现错误使系统不稳定或破坏数据，影响最终结果	2 天之内
4	普通	中等级。单元级功能实现错误或产生错误的中间结果，但不影响最终结果	3 天之内
5	低	一般级。拼写错误、错别字或界面不符合设计规范，导致使用不便	结项前

（3）缺陷状态。缺陷状态参照表Ⅰ.12。

表Ⅰ.12　缺陷状态

编号	名称	说　明
1	New	新建状态。发现人新发现的缺陷
2	进行中	进行状态。开发人员对缺陷进行了部分修改
3	Reopened	重新打开状态。发现人确认修改没有达到要求,重新打开
4	Resolved	解决状态。开发经理认为经责任人修改后已解决
5	Closed	关闭状态。发现人关闭缺陷
6	Deferred	延期解决状态。开发人员认为是缺陷,但由于技术或时间问题需要延期解决

（4）缺陷解决方案。缺陷解决方案参照表Ⅰ.13。

表Ⅰ.13　缺陷解决方案

编号	名　称	说　明
1	fixed	已修复
2	won't fix	不打算修复
3	postponed	以后修复
4	not repro	不可重现
5	duplicate	重复
6	by design	设计如此
7	External	由于外部原因导致

5）进度反馈策略

（1）测试人员每天向项目组所有成员进行测试版本发布及测试进度、缺陷数量等信息的反馈;

（2）测试全部完成后,由测试管理人员向项目组反馈测试整体情况。

6. 测试环境

测试环境部分介绍实际测试工作场景的软件和硬件配置,具体如表Ⅰ.14所示。

表Ⅰ.14　测试环境

项　目	说　明
软件环境	服务器:Windows 7/Linux＋Apache＋MySQL＋PHP
	客户端:Windows 7＋.NET Framework
硬件环境	测试服务器:尽量模拟真实运行环境
	客户端:自用PC
	注意:目前测试在本地机器进行,虚拟机暂且充当服务器

7. 测试工具

根据软件的需求，列出所使用的所有测试工具，并对测试工具进行简单的介绍，如表Ⅰ.15所示。

表Ⅰ.15 测试工具

用 途	测试工具
缺陷跟踪、管理	Redmine
测试用例管理	TestLink
兼容性测试工具	IE Tester

8. 通过准则

通过准则部分介绍测试停止的相关标准。

（1）实行了所有的测试类型及测试用例，并达到完成标准。

（2）需求覆盖率100%。编码实现与《旅馆住宿管理系统需求确认书》保持一致。

（3）立刻、紧急、高级别的错误修复率达到100%。

（4）普通、低级别错误的修复率达到80%以上。

9. 测试风险分析

测试风险分析部分主要列出测试工作可能涉及的风险及应对措施，如表Ⅰ.16所示。

表Ⅰ.16 测试风险分析

序号	风险名称	级别	风险描述	应对策略
1	时间风险	高	参与项目的核心人员在时间上无法保障，核心成员同时兼任其他时间要求较高的工作（授课、其他项目）	重新进行测试任务分派或该部分成员的任务安排采取阶段性的目标管理
2	人员风险	高	参与测试工作的人员数量较少，在时间较紧张的情况下容易造成测试不充分	其他角色成员参与部分测试工作
3	界面风险	中	程序界面设计没有标准，造成该方面的测试没有明确的衡量指标	定期与客户代表进行沟通，事先定义通用测试约束
4	经验风险	低	参与测试的部分人员测试经验不足	加强测试组内沟通，定期进行缺陷审核和沟通

实训Ⅱ　旅馆住宿系统测试用例设计

在测试设计与开发阶段,旅馆住宿系统项目的工作重点体现为测试用例的设计,最终交付物主要为《测试用例文档》。在此文档中,需要写明用例所属系统、模块、版本等基础信息,更重要的是需明确设计测试用例的目的、操作步骤、输入数据及期望结果等。

以下为旅馆住宿管理系统的测试用例文档节选,仅供参考。通过此测试用例文档样例,进一步介绍测试用例的设计。

此外,本旅馆住宿管理系统完整测试用例文档篇幅较长,涉及用例颇多。限于篇幅,此处仅选取"旅馆住宿管理中心维护旅馆账号"基础模块用例,且略去封面、文档属性及目录等内容。具体用例如表Ⅱ.1所示。

表Ⅱ.1　旅馆住宿管理中心维护旅馆账号测试用例

系统名称		旅馆住宿管理系统		系统版本号		V1.0
模块名称		旅馆住宿管理中心维护旅馆信息		编写者		测试A
功能点		添加旅馆功能 管理旅馆功能 1) 修改旅馆信息 2) 删除旅馆信息 3) 查看旅馆信息				
测试目的		验证旅馆住宿管理中心管理员能够成功进行旅馆账号的添加、修改、删除、查看等操作				
预置条件		以旅馆住宿管理中心管理员身份登录旅馆住宿管理中心系统,如 admin/123456				
优先级		中	测试结果		□ 通过　　□ 不通过	
序号	功能点	用例描述	输入数据	预期结果		实际结果
1	请求旅馆管理	单击系统主界面上的"旅馆管理"命令		1. 页面显示旅馆列表标签页和查询标签页; 2. 默认显示旅馆列表标签页,旅馆列表中显示已添加的旅馆记录		
2	添加旅馆账号 / 添加旅馆页面字段验证	在旅馆列表页面,单击"新增旅馆"命令		1. 进入增加旅馆信息页面,页面显示以下字段:旅馆名称、经纪人名称、经纪人账号、经纪人密码、确认密码、身份证号、联系电话、旅馆地址、旅馆简介、旅馆所属村等; 2. 旅馆所属村以下拉列表方式选择,其他字段为文本框输入; 3. 字段显示必填项标志		

序号	功能点		用例描述	输入数据	预期结果	实际结果
3	添加旅馆账号	添加功能验证	1. 在添加旅馆信息页面中输入旅馆信息； 2. 选择旅馆所属村； 3. 单击"确定"按钮	旅馆名称：幸福旅馆 经纪人名称：幸福 经纪人账号：xingfu 密码：123456 确认密码：123456 身份证号：130103198112121111 联系电话：13012345678 旅馆地址：石家庄市桥东区113号 旅馆简介： 旅馆所属村：北戴河村	1. 系统提示添加成功； 2. 旅馆列表中成功添加一条记录； 3. 新添加的记录在列表最上方显示； 4. 查看记录显示与输入数据保持一致； 5. 列表下方的总记录数加1； 6. 旅馆使用新添加的账号和密码可成功登录旅馆业主系统主页； 7. 旅馆业主使用账号登录后，可查看旅馆住宿管理中心人员添加的本旅馆信息	
4		重填功能验证	1. 在添加旅馆信息页面中输入旅馆信息； 2. 选择旅馆所属村； 3. 单击"重填"按钮	旅馆名称：幸福旅馆 经纪人名称：幸福 经纪人账号：xingfu 密码：123456 确认密码：123456 身份证号：130103198112121111 联系电话：13012345678 旅馆地址：石家庄市桥东区113号 旅馆简介： 旅馆所属村：北戴河村	已填写的页面信息清空，可重新填写页面各字段	
5		返回旅馆列表	单击"返回旅馆列表"超链接		添加旅馆页面关闭，并返回至旅馆列表页面	
6		必填项为空	1. 在添加旅馆信息页面中，必填项字段未填写； 2. 单击"确定"按钮，必填项字段未填写		系统"提示请填写……字段"	
7		添加重复信息	1. 在添加旅馆信息页面中输入一条已经添加过的旅馆信息； 2. 选择旅馆所属村； 3. 单击"确定"按钮	旅馆名称：幸福旅馆 经纪人名称：幸福 经纪人账号：xingfu 密码：123456 确认密码：123456 身份证号：130103198112121111 联系电话：13012345678 旅馆地址：石家庄市桥东区113号 旅馆简介： 旅馆所属村：北戴河村	系统提示"该'旅馆名称'和'经纪人账号'已经存在"	

序号	功能点		用例描述	输入数据	预期结果	实际结果
8		密码与确认密码不一致	1. 在添加旅馆信息页面中输入旅馆信息； 2. 选择旅馆所属村； 3. 单击"确定"按钮	旅馆名称：幸福旅馆 经纪人名称：幸福 经纪人账号：xingfu 密码：123456 确认密码：123455 身份证号：130103198112121111 联系电话：13012345678 旅馆地址：石家庄市桥东区113号 旅馆简介： 旅馆所属村：北戴河村	系统提示"密码与确认密码不一致"	
9		字段长度验证	1. 针对各字段分别在添加旅馆信息页面中输入超长的旅馆信息； 2. 选择旅馆所属村； 3. 单击"确定"按钮	依据各字段规则创建，例如最大允许10个汉字，则输入超过10个长度的汉字	系统提示"……字段最长字数为……，请重新填写"	
10	添加旅馆账号	字段长度边界验证	1. 针对各字段分别在添加旅馆信息页面中输入长度为长度边界的旅馆信息； 2. 选择旅馆所属村； 3. 单击"确定"按钮	依据各字段规则创建，例如最大允许10个汉字，则输入10个汉字	1. 系统提示添加成功； 2. 旅馆列表中成功添加一条记录； 3. 新添加的记录在列表最上方显示； 4. 查看记录显示与输入数据保持一致； 5. 列表下方的总记录数加1； 6. 旅馆使用新添加的账号和密码可成功登录旅馆业主系统主页； 7. 旅馆业主使用账号登录后，可查看旅馆住宿管理中心人员添加的本旅馆信息	
11			1. 在修改旅馆信息页面中修改各字段，将旅馆信息字段的长度修改为大于长度边界； 2. 单击"确定"按钮	依据各字段规则创建，例如最大允许10个汉字，则输入11个汉字	系统提示"……字段最长字数为……，请重新填写"	
12			1. 在修改旅馆信息页面中修改各字段，将旅馆信息字段的长度修改为远大于长度边界； 2. 单击"确定"按钮	输入无限长的内容	系统提示"……字段最长字数为……，请重新填写"	

序号	功能点		用例描述	输入数据	预期结果	实际结果
13	添加旅馆账号	违规格式验证	1. 针对各字段分别在添加旅馆信息页面中输入不符合格式规定的旅馆信息； 2. 选择旅馆所属村； 3. 单击"确定"按钮	输入除如下规则之外的数据： • 电话号码：11位数字，同时验证号段； • 身份证号码：15位或18位数字、字母	系统提示"……字段最长字数为……，请重新填写"	
14		添加已删除的信息	重新添加已经删除的旅馆		系统提示"添加成功"	
15		重置	添加用户页面中，单击重置		清空页面信息，可重新填写	
16			再次单击"序号"列头的排序标识		列表记录恢复升序排列	
17	查看旅馆记录	翻页功能	查看列表右下角的翻页		能否正确显示首页、上一页、页码、下一页、尾页	
18			分别单击首页、上一页、下一页、尾页		页码显示正确	
19			添加旅馆账号记录，直至列表中记录超过当前列表最大显示数目		1. 系统能够自动翻至新页面进行显示； 2. 新添加的记录能够保持在列表首页的第一条的位置	
20		记录数显示	查看列表左下角的翻页		能够正确显示列表中当前页面的总记录数、当前页数/总页数、每页最多记录数	
21			添加或删除一条记录		能够正确显示列表中当前页面的总记录数、当前页数/总页数、每页最多记录数	
22	删除旅馆账号	删除一条记录，提示信息验证	从列表中任意选择一条记录，单击"删除"按钮		系统提示是否进行删除操作	

序号	功能点		用例描述	输入数据	预期结果	实际结果
23	删除旅馆账号	确定删除	1. 从列表中任意选择一条记录,单击"删除"按钮; 2. 在系统提示的是否进行删除信息中单击"确定"按钮		1. 系统提示记录删除成功; 2. 列表中该记录消失; 3. 列表下方的总记录数减1; 4. 使用该账号登录旅馆业主页面,不能正确登录	
24			添加一条与被删除掉的旅馆账号完全相同的旅馆信息		能够添加成功	
25		取消删除	1. 从列表中任意选择一条记录,单击"删除"按钮; 2. 在系统提示的是否进行删除信息中单击"取消"按钮		1. 取消本次删除操作; 2. 列表中该记录仍存在;	
26		删除多条记录	1. 从列表中任意选择多条记录(如6条),单击"删除"按钮; 2. 在系统提示的是否进行删除信息中单击"确定"按钮		1. 系统提示记录删除成功; 2. 列表中该6条记录消失; 3. 列表下方的总记录数减6; 4. 使用此类账号登录旅馆业主页面,不能正确登录	
27		删除当前页面的全部记录	1. 从列表中选择当前页面的所有记录,单击"删除"按钮; 2. 在系统提示的是否进行删除信息中,单击"确定"按钮		1. 系统提示记录删除成功; 2. 被删除的记录均从列表中消失; 3. 列表下方的总记录数减去被删除的记录数; 4. 列表自动显示当前页的下一页的内容; 5. 列表页数减1; 6. 使用此类账号登录旅馆业主页面,不能正确登录	

序号	功能点		用例描述	输入数据	预期结果	实际结果
28		删除全部列表记录	删除列表中所有记录		1. 列表显示为空； 2. 当前页页码显示为1； 3. 当前页总记录数显示为0； 4. 使用此类账号登录旅馆业主页面，不能正确登录	
29	删除旅馆账号	已给旅馆添加了房间后进行删除	1. 选择一条已经添加了房间的旅馆账号的记录； 2. 单击"删除"按钮； 3. 在是否删除提示信息中单击"确定"按钮		1. 系统提示删除成功； 2. 该旅馆的旅馆信息、房间信息等被一并删除	
30		已有预订/入住记录后进行删除	1. 选择一条已经有了预订/入住记录的旅馆账号的记录； 2. 单击"删除"按钮； 3. 在是否删除提示信息中单击"确定"按钮		1. 系统提示删除成功； 2. 该旅馆的旅馆信息、房间信息、入住信息等被一并删除	
31		同时性测试	1. 在游客通过网页浏览在该旅馆下进行订房或查看旅馆介绍等其他信息的同时，在旅馆记录列表中选择该旅馆，单击"删除"按钮； 2. 在是否删除提示信息中单击"确定"按钮		1. 系统提示删除成功； 2. 该旅馆的旅馆信息、房间信息、入住信息等被一并删除； 3. 游客在旅馆浏览页面中进行刷新页面操作后，给出友好提示：当前信息已不存在	
32	修改旅馆账号	旅馆记录修改页面查看	1. 在旅馆列表页面，选择一条旅馆记录； 2. 单击"修改旅馆"按钮		1. 进入修改旅馆信息页面； 2. 页面中旅馆编号字段为只读项，其他字段可进行修改； 3. 除了"密码"和"确认密码"外，添加用户页面中各字段均显示； 4. 各字段显示的内容与添加该旅馆账号时的信息保持一致	

· 225 ·

序号	功能点		用例描述	输入数据	预期结果	实际结果
33	修改旅馆账号	修改功能	1. 在旅馆信息修改页面中,修改页面各字段信息; 2. 单击修改按钮	旅馆名称:真幸福旅馆 经纪人名称:真幸福 经纪人账号:zhenxingfu 身份证号:130103198311111315 联系电话:13556781234 旅馆地址:河北石家庄市桥东区113号 旅馆简介: 旅馆所属村:北戴河村	1. 系统提示修改成功; 2. 旅馆列表中原记录内容更新为新修改后的记录内容; 3. 列表下方的总记录数不变; 4. 旅馆使用新修改的账号和密码可成功登录旅馆业主系统主页; 5. 旅馆业主使用账号登录后,可查看旅馆住宿管理中心人员修改后的本旅馆信息	
34		取消修改功能	1. 在旅馆信息修改页面中,修改页面各字段信息; 2. 单击"取消"按钮	旅馆名称:真幸福旅馆 经纪人名称:真幸福 经纪人账号:zhenxingfu 身份证号:130103198311111315 联系电话:13556781234 旅馆地址:河北石家庄市桥东区113号 旅馆简介: 旅馆所属村:北戴河村	1. 系统不进行修改操作; 2. 旅馆列表中仍显示原记录内容; 3. 列表下方的总记录数不变; 4. 旅馆使用原账号和密码可成功登录旅馆业主系统主页; 5. 旅馆业主使用账号登录后,可查看旅馆住宿管理中心人员未修改的本旅馆信息	
35		修改必填项为空	1. 在旅馆信息修改页面中,修改页面必填项字段为空; 2. 单击"修改"按钮	必填项字段不填写	系统提示"……字段不能为空"	
36		修改为重复信息	1. 在修改旅馆信息页面中,修改信息为一条已经添加过的旅馆信息; 2. 单击"确定"按钮	旅馆名称:幸福旅馆 经纪人名称:幸福 经纪人账号:xingfu 密码:123456 确认密码:123456 身份证号:130103198112121111 联系电话:13012345678 旅馆地址:石家庄市桥东区113号 旅馆简介: 旅馆所属村:北戴河村	系统提示"该'旅馆名称'和'经纪人账号'已经存在"	

序号	功能点		用例描述	输入数据	预期结果	实际结果
37		密码与确认密码不一致	1. 在添加旅馆信息页面中输入旅馆信息; 2. 选择旅馆所属村; 3. 单击"确定"按钮	旅馆名称:幸福旅馆 经纪人名称:幸福 经纪人账号:xingfu 密码:123456 确认密码:123455 身份证号:130103198112121111 联系电话:13012345678 旅馆地址:石家庄市桥东区113号 旅馆简介: 旅馆所属村:北戴河村	系统提示"密码与确认密码不一致"	
38	修改旅馆账号	修改字段长度验证	1. 在修改旅馆信息页面中修改各字段,分别修改为超长的旅馆信息; 2. 单击"确定"按钮	依据各字段规则创建,例如最大允许10个汉字,则输入超过10个长度的汉字	系统提示"……字段最长字数为……,请重新填写"	
39		修改字段长度边界验证	1. 在修改旅馆信息页面中修改各字段,将旅馆信息长度修改为长度边界; 2. 单击"确定"按钮	依据各字段规则创建,例如最大允许10个汉字,则输入10个汉字	1. 系统提示修改成功; 2. 旅馆列表中原记录内容更新为新修改后的记录内容; 3. 列表下方的总记录数不变; 4. 旅馆使用新修改的账号和密码可成功登录旅馆业主系统主页; 5. 旅馆业主使用账号登录后,可查看旅馆住宿管理中心人员修改后的本旅馆信息	
40			1. 在修改旅馆信息页面中修改各字段,将旅馆信息长度修改为大于长度边界; 2. 单击"确定"按钮	依据各字段规则创建,例如最大允许10个汉字,则输入11个汉字	系统提示"……字段最长字数为……,请重新填写"	
41			1. 在修改旅馆信息页面中修改各字段,将旅馆信息长度修改为远大于长度边界; 2. 单击"确定"按钮	输入无限长的内容	系统提示"……字段最长字数为……,请重新填写"	

序号	功能点		用例描述	输入数据	预期结果	实际结果
42	修改旅馆账号	违规格式验证	1. 针对各字段分别在添加旅馆信息页面中输入"不符合格式规定"的旅馆信息； 2. 选择旅馆所属村； 3. 单击"确定"按钮	输入如下规则之外的数据： • 电话号码：11位数字，同时验证号段； • 身份证号码：15位或18位数字、字母	系统提示"……字段最长字数为……，请重新填写"	
43	导航验证		切换到不同页面，查看导航显示	例如打开添加旅馆信息页面	能够正确显示当前页面的标题，例如显示添加旅馆	

至此，简要列举了旅馆住宿系统的"旅馆住宿管理中心维护旅馆账号"模块的测试用例设计，仅供参考。限于篇幅，其他模块测试用例以参考文档形式呈现。

实训Ⅲ　旅馆住宿系统测试用例管理与统计

为了进一步提高测试效率,旅馆住宿系统项目采用 TestLink 工具针对测试用例实现自动化管理。TestLink 工具的采用,一方面,可有效管理测试设计与开发阶段中生成的大量测试用例,为后续测试用例的修改、分配、执行与跟踪提供了有效的自动化管理支持;另一方面,对测试实施阶段测试用例的执行情况进行整体汇总和统计,便于实时了解整体项目的测试进展,以达到高效管理和调控的目的。

采用 TestLink 工具进行旅馆住宿管理系统测试用例管理与统计简要介绍如下,旨在结合真实项目,进一步介绍测试用例的自动化管理。

1. TestLink 工具简介

TestLink 是一款基于 Web 的开源测试过程管理工具,可实现从测试需求、测试设计到测试执行的完整管理,也可灵活开展多种测试结果的统计和分析。该工具功能强大,优势显著。引用官方说明,其主要功能概述如下。

(1) 测试需求管理。

(2) 测试计划的制订。

(3) 测试用例管理。

(4) 测试用例对测试需求的覆盖管理。

(5) 测试用例的执行。

(6) 大量测试数据的度量和统计功能。

在上述众多功能中,TestLink 的测试用例管理功能尤为实用,可协助用户进行测试用例的创建、管理、执行及统计等。基于此,旅馆住宿管理系统项目采用 TestLink 工具的测试用例管理功能进行整体项目的测试用例管理与统计。

2. TestLink 测试用例管理

采用 TestLink 进行测试用例缺陷管理,高效、易用。

第1步,访问 TestLink 地址,进入图Ⅲ.1 所示的登录页面。

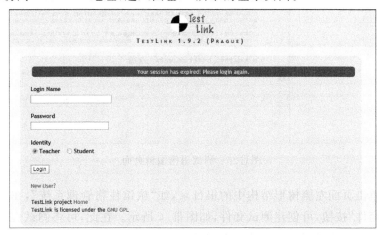

图Ⅲ.1　TestLink 登录页面

第 2 步,输入个人登录名及密码后,可进入系统首页,如图Ⅲ.2 所示。

图Ⅲ.2　TestLink 系统首页

值得提醒的是,不同权限的用户登录系统后,见到的系统首页存在差异。

第 3 步,在"测试产品"文本框中输入所参与的项目,如"旅馆住宿管理系统",可进入所选项目首页,如图Ⅲ.2 所示。

第 4 步,单击"测试规范"|"编辑测试用例"菜单选项,进入图Ⅲ.3 所示的测试用例编辑页面。

图Ⅲ.3　测试用例编辑页面

第 5 步,单击页面左侧树形结构中的根目录,如"旅馆住宿管理系统",在右侧页面中单击"新建测试套件"按钮,可创建测试套件,如图Ⅲ.4 所示。在此,可将测试套件理解为测试的分类,以文件夹形式呈现,如"资源权限(9)"。

图Ⅲ.4 创建测试套件

第6步,单击页面左侧树形结构中已创建的测试套件,如"资源权限(9)",如图Ⅲ.5所示,在右侧页面中,单击"新建测试套件"按钮可创建当前测试套件的子级测试套件,单击"新建测试用例"按钮可创建测试用例,如"beidaihe-2后台管理是否能成功添加资源"。

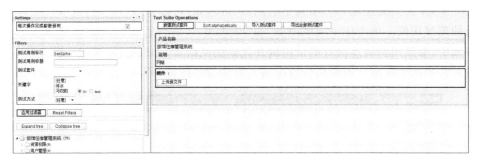

图Ⅲ.5 创建测试用例

第7步,单击页面左侧树形结构中已创建的测试用例,如"beidaihe-2后台管理是否能成功添加资源",在右侧页面中查看测试用例详细信息,如图Ⅲ.6所示。也就是说,图Ⅲ.6所示即为一条测试用例记录。

图Ⅲ.6 查看测试用例

第8步,待测试用例维护完毕,测试员可执行指派给自己的测试用例。在图Ⅲ.2中,单击"测试执行"|"执行测试"菜单选项,可查看已分配的测试用例,如图Ⅲ.7所示。

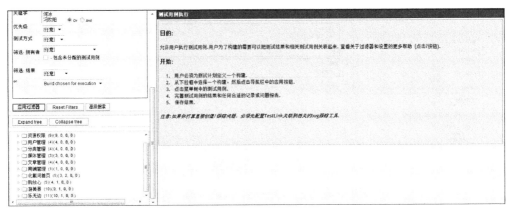

图Ⅲ.7 查看已分配的测试用例

第9步,单击页面左侧树形结构中的测试套件,如"资源权限(9)",可查看该套件中分派给自己的测试用例。单击任一测试用例,如"beidaihe-2 后台管理是否能成功添加资源",在右侧页面中,参照用例描述执行测试用例并记录测试结果,如图Ⅲ.8所示。即此步骤中,依据测试过程中的实际测试用例执行情况输入测试结果即可。

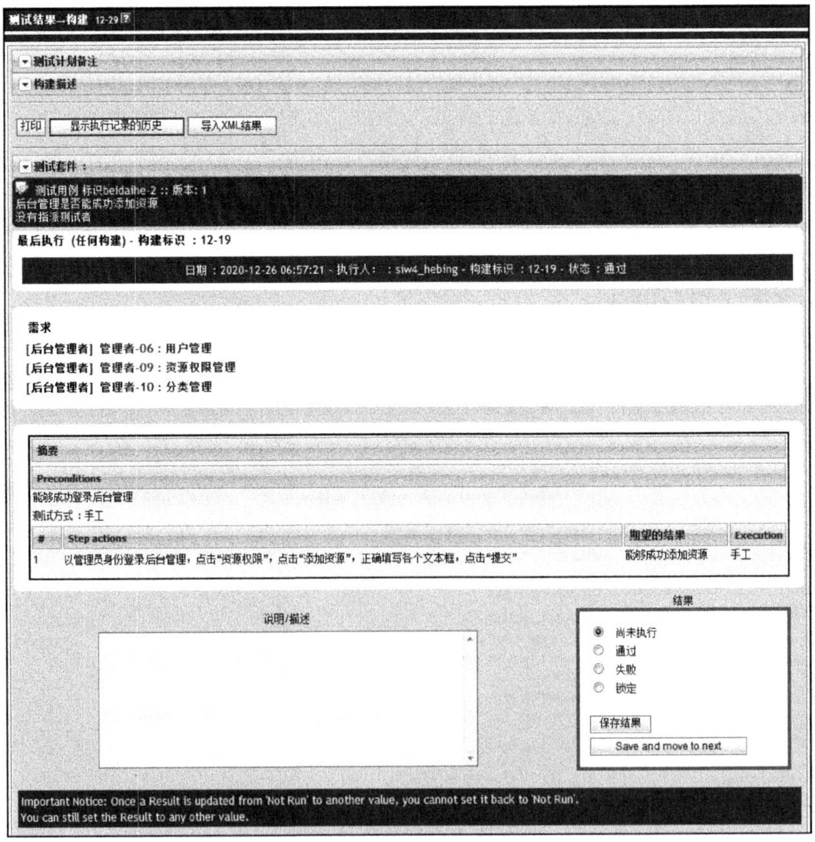

图Ⅲ.8 执行测试用例

3. TestLink 测试用例统计

TestLink 具有强大的报表统计功能,且简单易用、高效快捷。

在图Ⅲ.2中,单击"测试执行"|"测试报告和度量"菜单选项,即可进入图Ⅲ.9所示的报告统计信息设置页面。

图Ⅲ.9 报告统计信息设置页面

可见,图Ⅲ.9所示的页面左侧呈现了多种报告类型,选择报告类型并进行简单配置所需数据范围,即可生成统计报告。

旅馆住宿管理系统某阶段的统计报告(节选)如图Ⅲ.10所示。

测试产品:		旅馆住宿管理系统			
测试计划:		旅馆住宿管理系统测试计划			
#测试用例	尚未执行	通过		失败	锁定
144	45		59	22	18
测试用例	构建标识	测试人		时间	状态
bdh-1: 请求旅馆管理	v1.0	weinadi		2020/8/18 3:40	通过
bdh-1: 请求旅馆管理	v1.0	weinadi		2020/8/18 3:40	通过
bdh-38: 导航验证	v1.0	weinadi		2020/8/18 5:04	通过
bdh-2: 添加旅馆账号:添加旅馆页面字段验证	v1.0	weinadi		2020/8/18 4:12	失败
bdh-3: 添加旅馆账号:添加功能验证	v1.0	weinadi		2020/8/18 4:21	通过
bdh-10: 添加旅馆账号:重填功能验证	v1.0	weinadi		2020/8/18 4:22	通过
bdh-4: 添加旅馆账号:返回旅馆列表	v1.0	weinadi		2020/8/18 4:29	通过
bdh-5: 添加旅馆账号:必填项为空验证	v1.0	weinadi		2020/8/18 4:43	失败
bdh-6: 添加旅馆账号:添加重复信息	v1.0	weinadi		2020/8/18 4:51	失败
bdh-7: 添加旅馆账号:密码与确认密码不一致	v1.0	weinadi		2020/8/18 4:52	失败
bdh-11: 添加旅馆账号:字段长度验证	v1.0	weinadi		2020/8/18 4:54	通过
bdh-11: 添加旅馆账号:字段长度验证	v1.0	weinadi		2020/8/18 4:57	失败
bdh-12: 添加旅馆账号:字段长度边界验证	v1.0	weinadi		2020/8/18 4:59	通过
bdh-13: 添加旅馆账号:违规格式验证	v1.0	weinadi		2020/8/18 5:04	失败

图Ⅲ.10 旅馆住宿管理系统某阶段的统计报告

本实例简单介绍了测试人员借助 TestLink 进行测试用例管理及统计的过程。此外,项目测试的进行还可借助 TestLink 进行很多其他相关的辅助工作,如创建测试需求、创建测试计划、设置项目里程碑、创建项目成员、设置成员角色等,此处不赘述,若有兴趣可参考官方帮助文档。

实训Ⅳ　旅馆住宿系统缺陷提交与跟踪

在测试实施阶段,最重要的工作内容就是依据前阶段设计出的测试用例执行测试,并记录测试结果及提交缺陷报告。本阶段测试工作交付物为《缺陷报告》。

就目前行业现状而言,大多数公司和企业均已在测试过程中应用了各种各样的缺陷管理工具,测试人员可通过缺陷管理工具来提交缺陷报告。客观来讲,无论是采用管理工具的方式,还是采用 Word 文档等方式提交缺陷报告,都应注意在提交缺陷报告时简明扼要地描述缺陷问题、复现步骤、预期结果与实际结果等,在条件允许的情况下要尽量附上截图以方便开发人员理解分析相应缺陷。

本实训以旅馆住宿管理系统测试为例,采用 Redmine 管理工具进行缺陷的提交与跟踪,主要介绍 Redmine 工具提交缺陷的方式,同时依据表Ⅰ.11 所示的缺陷级别汇总了测试过程中发现的部分缺陷。通过此缺陷报告文档样例,旨在进一步介绍测试的实施过程。

需要说明的是,限于篇幅,缺陷报告中省略了创建者、提交至、创建时间、严重性、所属模块、附件等字段,仅供参考。

1. Redmine 工具简介

Redmine 是一款基于 Web 的开源项目管理和缺陷跟踪工具,提供集成的项目管理功能。功能强大、优势显著。引用官方说明,其主要功能概述如下。

（1）多项目和子项目支持。

（2）里程碑版本跟踪。

（3）可配置的用户角色控制。

（4）可配置的问题追踪系统。

（5）自动日历和甘特图绘制。

（6）RSS 输出和邮件通知。

（7）每个项目可以配置独立的 Wiki 和论坛模块。

（8）简单的任务时间跟踪机制。

（9）用户、项目、问题支持自定义属性。

（10）多语言支持(已经内置了简体中文)。

（11）多数据库支持(MySQL、SQLite、PostgreSQL)。

（12）支持多种版本控制系统的绑定(SVN、CVS、Git、Mercurial 和 Darcs)。

（13）外观模版化定制(可以使用 Basecamp、Ruby 安装)。

（14）支持 Blog 形式的新闻发布、Wiki 形式的文档撰写和文件管理。

旅馆住宿管理系统项目采用 Redmine 的缺陷管理功能进行整体项目的缺陷提交与跟踪。

2. Redmine 缺陷提交与跟踪

采用 Redmine 进行缺陷管理,方便、快捷。

第 1 步,访问 Redmine 地址,进入图Ⅳ.1 所示的登录页面。

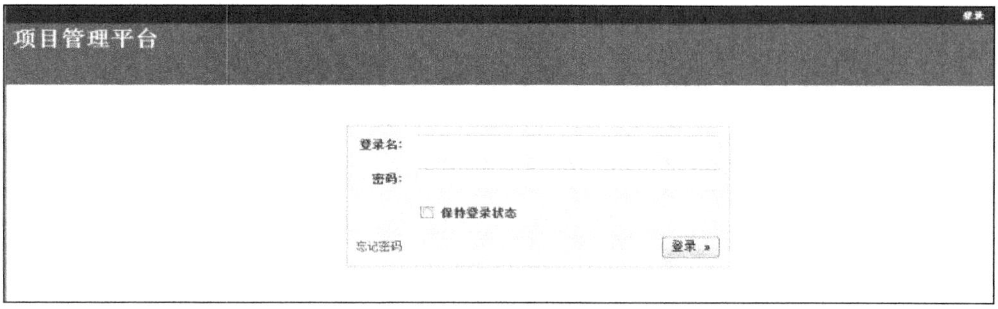

图Ⅳ.1　Redmine 登录页面

第 2 步,输入个人登录名及密码后,可进入系统首页,如图Ⅳ.2 所示。

图Ⅳ.2　Redmine 系统首页

第 3 步,在"搜索"文本框中输入所参与的项目,如"旅馆住宿管理系统",可进入所选项目首页,如图Ⅳ.3 所示。

图Ⅳ.3　旅馆住宿管理系统项目首页

第 4 步,单击"新建问题",可进入缺陷创建页面,在打开的页面中填写所发现的缺陷信息并单击"创建"按钮即可完成一份缺陷报告。图Ⅳ.4 所示为旅馆住宿管理系统的一条缺陷记录,即一份缺陷报告。

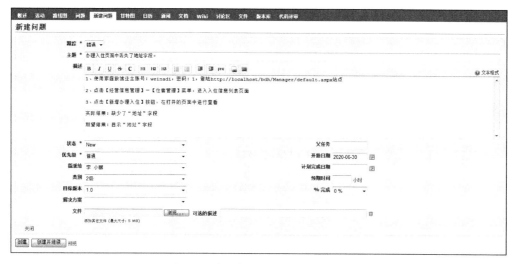

图Ⅳ.4　旅馆住宿管理系统缺陷报告

第 5 步,缺陷提交后,开发人员修复此缺陷并发布了系统新版本后,可针对上述缺陷进行重新测试,以验证缺陷是否被正确修复以及此次修复是否引起其他新的缺陷等。

以上简要概括了测试人员采用 Redmine 进行缺陷提交与跟踪的过程。此外,项目测试的进行还需借助 Redmine 进行很多其他相关的辅助工作,如创建待测项目、创建项目模块、创建项目成员、设置成员角色等,此处不再赘述,若有兴趣,可参考官方帮助文档。

3. 旅馆住宿系统缺陷汇总

在旅馆住宿管理系统项目测试实施阶段,共发现 596 个软件缺陷。基于这 596 个软件缺陷,即可生成 596 份缺陷报告(记录),限于篇幅,未提供完整的各缺陷报告详细记录,简要汇总部分缺陷主干信息,如表Ⅳ.1 所示,旨在进一步介绍测试实施过程及发现缺陷。

表Ⅳ.1　旅馆住宿管理系统缺陷汇总

优先级	缺陷主题	缺陷描述
立刻	当有空房间时,旅馆业主为游客办理入住,系统提示所有房间已入住。限制后续测试工作	前提:新添加了一个空房间。 1. 使用旅馆业主账号:weinadi,密码:1,登录 http://localhost/bdh/Manager/default.aspx 站点; 2. 单击"经营信息管理"|"住宿管理"菜单选项; 3. 在打开的列表页面中,单击"新增办理入住"按钮。 实际结果:系统提示所有房间已经入住。 期望结果:能够办理空房的入住
立刻	进行办理入住时,页面报错,限制后续测试	1. 使用旅馆业主账号:123,密码:123,登录 http://169.254.239.48/bdh/Manager/Login.aspx?ReturnUrl＝％2fbdh％2fManager％2fdefault.aspx 站点; 2. 单击"办理入住"菜单选项。 实际结果:打开的办理入住页面报错。 期望结果:进入入住记录列表页面

优先级	缺陷主题	缺陷描述
紧急	办理结算对,填写正常信息后,单击"确定"按钮,系统提示请求时发生错误。限制后续结算测试	1. 使用旅馆业主账号:weinadi,密码:1,登录 http://localhost/bdh/Manager/default.aspx 站点; 2. 单击"经营信息管理"|"住宿管理"菜单选项,进入入住信息列表页面; 3. 任意选择一条记录,单击"结算"链接,进入办理结算页面; 4. 在结算页面中填写"结算金额"为11,填写"备注"为11; 5. 单击"确定"按钮。 实际结果:系统提示"抱歉,处理您的请求时发生了错误。错误信息已被记录,我们将追踪解决。",并且单击"确定"按钮后,系统页面出现嵌套显示。 期望结果:系统提示"结算成功!"
高	登录页面,添加旅馆标志性图片,目前图片处显示为空	使用旅馆业主账号:weinadi,密码:1,登录 http://localhost/bdh/Manager/default.aspx 站点
高	结算规则:游客当天入住当天结算的情况,应按1天进行收费,目前按0天进行的结算。请阅读结算规则	前提:某游客当天入住101房间,当天办理结算。 1. 使用旅馆业主账号:weinadi,密码:1,登录 http://localhost/bdh/Manager/default.aspx 站点; 2. 单击"经营信息管理"|"住宿管理"菜单选项,进入入住信息列表页面; 3. 选择一条符合前提条件的入住记录,单击"结算"按钮,在打开的住宿变更页面中查看"消费金额"字段。 实际结果:消费金额字段显示为0。 期望结果:当天入住当天结算的情况,应按1天收费,即收取一天的房费
高	当仅有一间房并办理了入住后,单击该入住记录的修改链接,进行续租或追加押金等操作,系统均提示"所有房间已入住",限制进入住宿变更页面。无法进行其他住宿变更操作	前提:仅添加了101房间。 1. 使用旅馆业主账号:weinadi,密码:1,登录 http://localhost/bdh/Manager/default.aspx 站点; 2. 单击"经营信息管理"|"住宿管理"菜单选项,进入入住信息列表页面; 3. 单击"新增办理入住"按钮,在打开的办理入住页面中填写入住信息; 4. 单击"确定",成功办理入住; 5. 在该入住记录的操作列中单击修改链接。实际结果:系统提示所有房间已入住。 期望结果:可进入住宿变更页面,游客可进行续租或追加押金等操作,当游客进行换房操作时再提示"所有房间已入住"
高	住宿变更页面,备注字段目前为只读形式,应修改为文本框形式,可进行内容修改	1. 使用旅馆业主账号:weinadi,密码:1,登录 http://localhost/bdh/Manager/default.aspx 站点; 2. 单击"经营信息管理"|"住宿管理"菜单选项,进入入住信息列表页面; 3. 任意选择一条记录,单击修改超链接,进入住宿变更页面; 4. 查看"备注"字段。 实际结果:备注字段为只读形式。 期望结果:备注字段为文本框形式,可进行内容修改

优先级	缺 陷 主 题	缺 陷 描 述
高	入住变更页面中,离开日期显示游客入住时填写的离开日期,目前均显示2011-08-01	1. 使用旅馆业主账号:weinadi,密码:1,登录 http://localhost/bdh/Manager/default.aspx 站点; 2. 单击"经营信息管理"|"住宿管理"菜单选项,进入入住信息列表页面; 3. 任意选择一条记录,单击修改链接,进入住宿变更页面; 4. 查看"离开日期"字段。 实际结果:离开日期显示 2011-08-01。 期望结果:离开日期显示目前游客入住时填写的离开日期
高	住宿变更页面中,"房间类型"字段设置为下拉菜单形式,且可进行修改从而进行换房,并非只读形式	1. 使用旅馆业主账号:weinadi,密码:1,登录 http://localhost/bdh/Manager/default.aspx 站点; 2. 单击"经营信息管理"|"住宿管理"菜单选项,进入入住信息列表页面; 3. 任意选择一条记录,单击修改链接,进入住宿变更页面; 4. 查看"房间类型"字段。 实际结果:"房间类型"字段为只读形式。 期望结果:"房间类型"字段为下拉菜单形式,且可进行修改从而进行换房操作
高	住宿变更页面中,设置离开时间字段仅能选择当前日期之后且为入住日期之后的日期	1. 使用旅馆业主账号:weinadi,密码:1,登录 http://localhost/bdh/Manager/default.aspx 站点; 2. 单击"经营信息管理"|"住宿管理"菜单选项,进入入住信息列表页面; 3. 任意选择一条记录,单击修改链接,进入住宿变更页面; 4. 查看"离开日期"字段。 实际结果:可选择昨天或更早的日期,且单击"确定"按钮后提示操作成功。 期望结果:离开日期仅能选择当前日期之后且为入住日期之后的日期
高	在住宿变更页面中,追加押金后系统提示"续租/换房成功",请修改	1. 使用旅馆业主账号:weinadi,密码:1,登录 http://localhost/bdh/Manager/default.aspx 站点; 2. 单击"经营信息管理"|"住宿管理"菜单选项,进入入住信息列表页面; 3. 任意选择一条记录,单击修改链接,进入住宿变更页面; 4. 在住宿变更页面中填写"押金金额"为 11; 5. 单击"确定"按钮。 实际结果:系统提示"续租/换房成功!"。 期望结果:系统提示"追加押金成功!"
高	已办理入住后,再办理新的入住,办理入住页面中某些字段显示上条入住记录的信息,请修改	1. 使用旅馆业主账号:weinadi,密码:1,登录 http://localhost/bdh/Manager/default.aspx 站点; 2. 单击"经营信息管理"|"住宿管理"菜单选项,进入入住信息列表页面; 3. 单击"新增办理入住"按钮,进入办理入住信息页面进行观察。 实际结果:"入住人数""押金金额""入住日期"均显示上条入住记录信息。 期望结果:"入住人数"显示为空;"押金金额"显示为 0;"入住日期"显示为当前日期

优先级	缺 陷 主 题	缺 陷 描 述
高	修改入住信息页面,修改为某一房间类型(该房间类型下无可用的房间号),单击"确定"按钮,系统提示有误	双人间类型下存在房间号为 3 的房间,单人间类型下不存在。 1. 使用旅馆业主账号:weinadi,密码:1,登录 http://localhost/bdh/Manager/default.aspx 站点; 2. 单击"经营信息管理"|"住宿管理"菜单选项,进入入住信息列表页面; 3. 任意选择一条记录,单击"序号"链接,进入查看入住信息页面; 4. 单击"修改入住登记记录表"按钮,进入修改入住信息页面; 5. 修改"房间类型"字段为"单人间","房间号"字段不修改(此时房间号下显示为空); 6. 单击"确定"按钮。 实际结果:系统提示"抱歉,处理您的请求时发生了错误。错误信息已被记录,我们将追踪解决。",并且单击"确定"按钮后,系统页面出现嵌套显示。 期望结果:系统提示"该房间类型下无可入住的房间"
高	修改入住信息页面中,房间类型和房间号内容显示位置不正确	1. 使用旅馆业主账号:weinadi,密码:1,登录 http://localhost/bdh/Manager/default.aspx 站点; 2. 单击"经营信息管理"|"住宿管理"菜单选项,进入入住信息列表页面; 3. 任意选择一条记录,单击"序号"链接,进入查看入住信息页面; 4. 单击"修改入住登记记录表"按钮,在打开的修改入住信息页面进行查看。 实际结果:"房间类型"中显示"单人间","房间类型"下方显示"双人间";"房间号"下方显示 3。 期望结果:"房间类型"显示"双人间","房间号"中显示"3"
高	入住信息列表页面,入住记录的操作列中显示"结算"和"修改",请添加链接	1. 使用旅馆业主账号:weinadi,密码:1,登录 http://localhost/bdh/Manager/default.aspx 站点; 2. 单击"经营信息管理"|"住宿管理"菜单选项,在打开的入住信息列表页面进行观察。 实际结果:操作列显示"结算"和"修改"内容,但是没有给其添加链接,无法单击进行操作。 期望结果:操作列显示"结算"和"修改"内容,并给其添加链接,单击链接可进行相关操作
高	办理入住页面,当"备注"字段不填写并单击"确定"按钮时,系统提示信息有误	1. 使用旅馆业主账号:weinadi,密码:1,登录 http://localhost/bdh/Manager/default.aspx 站点; 2. 单击"经营信息管理"|"住宿管理"菜单选项,进入入住信息列表页面; 3. 单击"新增办理入住"按钮,进入办理入住页面; 4. 填写页面各字段信息(任意填写),但"备注"字段保持为空不填写; 5. 单击"确定"按钮。 实际结果:系统提示数据输入格式验证失败,"ctl00 $ PageBody $ note_Input 字段值:低于系统允许长度 1!"。 期望结果:系统提示办理入住成功

优先级	缺陷主题	缺陷描述
高	办理入住页面中,当不填写信息并单击"确定"按钮时,"押金金额"和"来源"字段后面的提示信息有误	1. 使用旅馆业主账号:weinadi,密码:1,登录 http://localhost/bdh/Manager/default.aspx 站点; 2. 单击"经营信息管理"|"住宿管理"菜单选项,进入入住信息列表页面; 3. 单击"新增办理入住"按钮,进入办理入住页面; 4. 不填写页面信息,单击"确定"按钮。 实际结果:"押金金额"字段和"来源"字段后均显示红色提示信息"请输入联系方式"。 期望结果:"押金金额"字段后显示提示信息为"请输入押金金额";"来源"字段后显示红色提示信息"请输入来源"
高	办理入住页面中,"房间号"一项显示所有房间号,并非所选房间类型下对应的房间号	1. 使用旅馆业主账号:weinadi,密码:1,登录 http://localhost/bdh/Manager/default.aspx 站点; 2. 单击"经营信息管理"|"住宿管理"菜单选项,进入入住信息列表页面; 3. 单击"新增办理入住"按钮,进入办理入住页面; 4. 选择某房间类型后,查看房间号一项显示所有房间号,并非该类型房间下的房间号。 实际结果:"房间号"一项显示所有房间号,并非该类型房间下的房间号。 期望结果:选择某房间类型后,查看"房间号"一项可显示该房间类型下的房间号
高	办理入住页面中,房间类型显示有误	1. 使用旅馆业主账号:weinadi,密码:1,登录 http://localhost/bdh/Manager/default.aspx 站点; 2. 单击"经营信息管理"|"住宿管理"菜单选项,进入入住信息列表页面; 3. 单击"新增办理入住"按钮,在打开的页面中进行查看。 实际结果:"房间类型"下拉菜单中显示"单人间""双人间""双人大床房""三人间"。 期望结果:"房间类型"下拉菜单中显示"单人间""标准间""双人大床房""多人间"
高	查询房间信息时,"房间状态"下拉菜单中无内容	1. 使用旅馆业主账号:123,密码:123,登录 http://169.254.239.48/bdh/Manager/Login.aspx?ReturnUrl=%2fbdh%2fManager%2fdefault.aspx 站点; 2. 单击"旅店信息维护"|"客房管理"菜单选项,进入旅馆房间信息列表页面; 3. 单击"查询"标签页,在打开的查询页面中进行查看。 实际结果:"房间状态"下拉菜单中无内容显示。 期望结果:"房间状态"下拉菜单中显示"客满""空闲""预订"

优先级	缺陷主题	缺陷描述
高	新增旅馆房间页面中,修改"房间类型"中的下拉菜单中的内容	1. 使用旅馆业主账号:123,密码:123,登录 http://169.254.239.48/bdh/Manager/Login.aspx? ReturnUrl＝％2fbdh％2fManager％2fde fault.aspx 站点; 2. 单击"旅店信息维护"│"客房管理"菜单选项,进入旅馆房间信息列表页面; 3. 单击"新增房间信息",在打开的页面中查看"房间类型"下拉菜单。 实际结果:下拉菜单中显示"单人间""双人间""双人大床房""三人间"。 期望结果:修改下拉菜单中,使其显示"单人间""标准间""双人大床房""多人间"
高	旅馆业主添加房间时,"房间价格"字段长度超长时报错	1. 使用旅馆业主账号:123,密码:123,登录 http://169.254.239.48/bdh/Manager/Login.aspx? ReturnUrl＝％2fbdh％2fManager％2fdefault.aspx 站点; 2. 单击"旅店信息维护"│"客房管理"菜单选项,进入旅馆房间信息列表页面; 3. 单击"新增房间信息",在打开页面中的"房间价格"字段中填写"12345678",单击"确定"按钮。 实际结果:系统提示"抱歉,处理您的请求时发生了错误……",单击"确定"按钮后,系统主页中将显示相关嵌套页面。 期望结果:系统给出友好提示,且单击"确定"按钮后不能出现嵌套页面。 注意:后一现象猜测应由前一现象导致,因此一并提交缺陷
高	修改旅馆信息页面中,必填项字段未添加＊标志	1. 使用账号:wzr,密码:1,登录 http://169.254.239.48/bdh/Manager/Login.aspx? ReturnUrl＝％2fbdh％2fManager％2fde fault.aspx 站点; 2. 单击"旅馆管理"菜单选项,进入旅馆信息列表; 3. 选择一条记录,并单击"序号"中的链接; 4. 查看打开的修改旅馆页面的各字段。 实际结果:各字段为必填项的,没有添加＊标识。 期望结果:给页面各必填项添加＊必填项标识
高	在旅馆住宿管理中心中删除某旅馆账号后,使用已被删除的账号仍可登录旅馆业主页面,请控制	1. 使用账号:wzr,密码:1,登录 http://169.254.239.48/bdh/Manager/Login.aspx? ReturnUrl＝％2fbdh％2fManager％2fde fault.aspx 站点; 2. 单击"旅馆管理"菜单选项,进入旅馆信息列表; 3. 在打开旅馆信息列表中,任意选择一条记录; 4. 单击"删除"按钮。 实际结果:系统提示删除成功,且列表中该记录消失,但是使用该账号登录旅馆业主的系统主页仍可成功登录。 期望结果:使用已被删除的账号登录旅馆业主页面,不能成功登录

优先级	缺 陷 主 题	缺 陷 描 述
高	在旅馆信息页面中进行删除旅馆操作,虽删除成功但系统提示删除失败,请控制	1. 使用账号:wzr,密码:1,登录 http://169.254.239.48/bdh/Manager/Login.aspx?ReturnUrl=%2fbdh%2fManager%2fdefault.aspx 站点; 2. 单击"旅馆管理"菜单选项,进入旅馆信息列表; 3. 在列表中任意选择一条记录,单击该记录的"序号"链接; 4. 在打开的查看旅馆信息页面中,单击右上角的"修改旅馆信息"超链接; 5. 进入修改旅馆信息页面,单击页面中的右上角显示"删除旅馆信息"超链接。 实际结果:可成功删除该记录,但系统提示删除失败。 期望结果:修改信息页面中不显示"删除旅馆信息"超链接,删除操作均在旅馆信息列表中进行
高	新增旅馆页面中的"登录名"为必填项,不填写也可成功提交旅馆信息,请控制	1. 使用账号:wzr,密码:1,登录 http://169.254.239.48/bdh/Manager/Login.aspx?ReturnUrl=%2fbdh%2fManager%2fdefault.aspx 站点; 2. 单击"旅馆管理"菜单选项,进入旅馆信息列表; 3. 单击"新增旅馆"按钮,在打开的新增旅馆页面中输入如下内容,特别要求登录号不输入。 旅馆名称:1 经纪人名称:1 身份证号:1 登录号: 密码:1 确认密码:1 实际结果:单击"确定"按钮,能够添加成功。 期望结果:单击"确定"按钮,不能够添加成功,系统提示"登录名为必填项,不能为空!"
高	新增旅馆页面的各字段为必填项的,没有添加 * 标识	1. 使用账号:wzr,密码:1,登录 http://169.254.239.48/bdh/Manager/Login.aspx?ReturnUrl=%2fbdh%2fManager%2fdefault.aspx 站点; 2. 单击"旅馆管理"菜单选项,进入旅馆信息列表; 3. 单击"新增旅馆"按钮,查看打开的新增旅馆页面的各字段。 实际结果:各字段为必填项的,没有添加 * 标识。 期望结果:给页面各必填项填写 * 必填项标识
高	新增旅馆信息页面中缺少"所属村"字段	1. 使用账号:wzr,密码:1,登录 http://169.254.239.48/bdh/Manager/Login. aspx?ReturnUrl=% 2fbdh% 2fManager%2fdefault.aspx 站点; 2. 单击"旅馆管理"菜单选项,进入旅馆信息列表; 3. 单击"新增旅馆"链接,查看打开的新增旅馆信息页面。 实际结果:新增旅馆信息页面中缺少"所属村"字段。 期望结果:新增旅馆信息页面中有"所属村"字段(后续发通知时,可按村发布)

优先级	缺 陷 主 题	缺 陷 描 述
普通	建议增加历史记录查看模块,目前入住办理结算后,记录将不再显示,无法查看营业信息	1. 使用旅馆业主账号:weinadi,密码:1,登录 http://localhost/bdh/Manager/default.aspx 站点; 2. 单击"经营信息管理"|"住宿管理"菜单选项,进入入住信息列表页面; 3. 选择一条入住记录,单击"结算"按钮; 4. 在打开的住宿变更页面中填写实收金额和备注,并单击"确定"按钮。 实际结果:结算成功,该记录在列表中消失,目前没有任何地方可查看历史记录。 期望结果:增加一个历史记录查看模块,当结算成功后,结算记录可从历史记录模块中查看,便于旅馆业主了解经营状况
普通	住宿变更页面中,"房间号"字段下会显示所有类型的空闲房间号。请控制为选择某房间类型时,对应显示其下的空闲房间号	1. 使用旅馆业主账号:weinadi,密码:1,登录 http://localhost/bdh/Manager/default.aspx 站点; 2. 单击"经营信息管理"|"住宿管理"菜单选项,进入入住信息列表页面; 3. 任意选择一条记录,单击修改超链接,进入住宿变更页面; 4. 查看"房间号"字段。 实际结果:"房间号"字段中可显示所有空闲状态的房间。 期望结果:"房间类型"字段可修改,当修改某房间类型时,"房间号"字段下显示某房间类型下的房间号
普通	办理结算页面,导航显示有误	1. 使用旅馆业主账号:weinadi,密码:1,登录 http://localhost/bdh/Manager/default.aspx 站点; 2. 单击"经营信息管理"|"住宿管理"菜单选项,进入入住信息列表页面; 3. 任意选择一条记录,单击"结算"超链接,在进入结算页面进行观察。 实际结果:导航显示为空。 期望结果:导航显示为"目前操作功能:办理结算"
普通	住宿变更页面中,押金金额显示方式有误,请修改为"押金金额"字段文本框中显示为空,但文本框后面显示游客已交押金的金额 100 元;当"押金金额"文本框中再添加 20 元后,系统会在列表显示时自动显示 120 元	游客已经交过 100 元押金。 1. 使用旅馆业主账号:weinadi,密码:1,登录 http://localhost/bdh/Manager/default.aspx 站点; 2. 单击"经营信息管理"|"住宿管理"菜单选项,进入入住信息列表页面; 3. 选择一条入住记录,单击修改按钮,进入住宿变更页面。 实际结果:"押金金额"字段显示为空。 期望结果:"押金金额"字段文本框中显示为空,但文本框后面显示游客已交押金的金额 100 元;当"押金金额"文本框中再添加 20 元后,系统会在列表显示时自动显示 120 元

优先级	缺陷主题	缺陷描述
普通	当未添加房间时,办理入住时,系统提示"所有房间已入住",请修改提示信息	前提:未添加任何房间。 1. 使用旅馆业主账号:weinadi,密码:1,登录 http://localhost/bdh/Manager/default.aspx 站点; 2. 单击"经营信息管理"|"住宿管理"菜单选项,进入入住信息列表页面; 3. 单击"新增办理入住"按钮。 实际结果:系统提示"所有房间已入住!"。 期望结果:系统提示"没有可入住的房间!"
普通	住宿变更页面中,导航显示有误,请显示为"目前操作功能:住宿变更"	1. 使用旅馆业主账号:weinadi,密码:1,登录 http://localhost/bdh/Manager/default.aspx 站点; 2. 单击"经营信息管理"|"住宿管理"菜单选项,进入入住信息列表页面; 3. 任意选择一条记录,单击修改链接,在进入住宿变更页面进行观察。 实际结果:导航显示为空。 期望结果:导航显示为"目前操作功能:住宿变更"
普通	系统主页显示的系统名称和版本号建议优化	使用旅馆业主账号:weinadi,密码:1,登录 http://localhost/bdh/Manager/default.aspx 站点。或者使用旅馆住宿管理中心账号:wzr 密码:1 登录 http://localhost/bdh/Manager/default.aspx 站点。 实际结果:系统左上角显示字体较小的"旅馆住宿管理系统 1.0.0.1"。 预期结果:系统左上角显示的"旅馆住宿管理系统"字体放大,且仅显示 1.0
普通	依据与客户确认后的界面原型,办理入住应单独有一个菜单,而不是与住宿管理在一个页面中。请调整	请参见界面原型,在此不再赘述。
普通	请给办理入住页面各字段添加字段规则校验	1. 使用旅馆业主账号:weinadi,密码:1,登录 http://localhost/bdh/Manager/default.aspx 站点; 2. 单击"经营信息管理"|"住宿管理"菜单选项,进入入住信息列表页面; 3. 单击"新增办理入住"按钮,进入办理入住信息页面; 4. 填写页面字段内容不符合规则,如电话号码中存在中文; 5. 单击"确定"按钮。 实际结果:可成功进行入住办理。 期望结果:系统提示"……字段只可输入……,请重新输入!"

优先级	缺 陷 主 题	缺 陷 描 述
普通	办理入住页面中，字段输入超长，提示信息请优化	1. 使用旅馆业主账号：weinadi，密码：1，登录 http://localhost/bdh/Manager/default.aspx 站点； 2. 单击"经营信息管理"|"住宿管理"菜单选项，进入入住信息列表页面； 3. 单击"新增办理入住"按钮，进入办理入住信息页面； 4. 填写页面字段内容较长； 5. 单击"确定"按钮。 实际结果：系统提示"ctl00 \$ PageBody \$ CustomerCount_Input 字段值：15555 超过系统允许长度 3！"。 期望结果：系统提示"……字段最长输入 N 个字符，请重新输入！"
普通	入住信息列表页面中，去掉各记录左侧的复选框	1. 使用旅馆业主账号：weinadi，密码：1，登录 http://localhost/bdh/Manager/default.aspx 站点； 2. 单击"经营信息管理"|"住宿管理"菜单选项，在打开的入住信息列表页面进行观察。 实际结果：记录左侧显示复选框，且可进行勾选。 期望结果：记录左侧不显示复选框，不可进行勾选（列表中不支持记录的删除，该复选框起不到实际作用）
普通	入住记录在修改页面中可进行记录的删除，请控制不能删除	1. 使用旅馆业主账号：weinadi，密码：1，登录 http://localhost/bdh/Manager/default.aspx 站点； 2. 单击"经营信息管理"|"住宿管理"菜单选项，进入入住信息列表页面； 3. 选择任意一条记录，单击"序号"链接，进入查看入住信息页面； 4. 单击"修改入住登记记录表"按钮，在打开的修改入住信息页面中进行观察。 实际结果：页面右上角显示"删除入住登记记录表"按钮，单击该按钮，可成功删除该入住记录。 期望结果：页面右上角不显示"删除入住登记记录表"按钮，不可删除入住记录
普通	办理入住页面中，将鼠标移至"入住人数"字段上，提示信息显示"请输入入住人数 255：int"	1. 使用旅馆业主账号：weinadi，密码：1，登录 http://localhost/bdh/Manager/default.aspx 站点； 2. 单击"经营信息管理"|"住宿管理"菜单选项，进入入住信息列表页面； 3. 单击"新增办理入住"按钮，进入办理入住页面； 4. 将鼠标移至"入住人数"字段上，查看提示信息。 实际结果：系统提示"请输入入住人数 255：int"。 期望结果：系统提示该字段可输入的最大长度。 其他字段也存在类似问题。
普通	办理入住页面中，"来源"字段应为下拉菜单的形式	1. 使用旅馆业主账号：weinadi，密码：1，登录 http://localhost/bdh/Manager/default.aspx 站点； 2. 单击"经营信息管理"|"住宿管理"菜单选项，进入入住信息列表页面； 3. 单击"新增办理入住"按钮，在打开的办理入住页面中进行观察。 实际结果："来源"字段为文本框形式。 期望结果："来源"字段为下拉菜单的形式，便于旅馆住宿管理中心进行来源统计

优先级	缺 陷 主 题	缺 陷 描 述
普通	办理入住页面,请给必填项添加 * 标识	1. 使用旅馆业主账号:weinadi,密码:1,登录 http://localhost/bdh/Manager/default.aspx 站点; 2. 单击"经营信息管理"|"住宿管理"菜单选项,进入入住信息列表页面; 3. 单击"新增办理入住"按钮,在打开的办理入住页面中进行观察。 实际结果:各字段为必填项的,没有添加 * 标识。 期望结果:给页面各必填项添加 * 必填项标识
普通	办理入住页面中,"入住日期"请控制为只读形式	1. 使用旅馆业主账号:weinadi,密码:1,登录 http://localhost/bdh/Manager/default.aspx 站点; 2. 单击"经营信息管理"|"住宿管理"菜单选项,进入入住信息列表页面; 3. 单击"新增办理入住"按钮,在打开的页面中进行查看。 实际结果:"入住日期"字段为可修改形式。 期望结果:"入住日期"字段为只读形式,且显示为当前系统时间
普通	办理入住页面中,丢失了地址字段	1. 使用旅馆业主账号:weinadi,密码:1,登录 http://localhost/bdh/Manager/default.aspx 站点; 2. 单击"经营信息管理"|"住宿管理"菜单选项,进入入住信息列表页面; 3. 单击"新增办理入住"按钮,在打开的页面中进行查看。 实际结果:缺少了"地址"字段。 期望结果:显示"地址"字段
普通	查询房间信息时,"房间类型"下拉菜单中无内容	1. 使用旅馆业主账号:123,密码:123,登录 http://169.254.239.48/bdh/Manager/Login.aspx?ReturnUrl=%2fbdh%2fManager%2fdefault.aspx 站点; 2. 单击"旅店信息维护"|"客房管理"菜单选项,进入旅馆房间信息列表页面; 3. 单击"查询"标签页,在打开的查询页面中进行查看。 实际结果:"房间类型"下拉菜单中无内容显示。 期望结果:"房间类型"下拉菜单中显示"单人间""标准间""双人大床房""多人间"
普通	修改房间信息页面中,去掉"删除房间信息"按钮,删除操作统一在房间信息列表中进行	1. 使用旅馆业主账号:123,密码:123,登录 http://169.254.239.48/bdh/Manager/Login.aspx?ReturnUrl=%2fbdh%2fManager%2fdefault.aspx 站点; 2. 单击"旅店信息维护"|"客房管理"菜单选项,进入旅馆房间信息列表页面; 3. 在列表中任意选择一条记录,单击"序号"一列的链接,进入查看房间信息页面; 4. 单击查看房间信息页面右上角的"修改房间信息"按钮,查看打开的页面。 实际结果:页面右上角显示"删除房间信息"按钮。 期望结果:页面右上角不显示"删除房间信息"按钮,删除操作统一在房间信息列表中进行

优先级	缺 陷 主 题	缺 陷 描 述
普通	在旅馆业主添加"旅馆房间"页面添加房间编号字段,并给该字段设置为唯一标识,不可相同	1. 使用旅馆业主账号:123,密码:123,登录 http://169.254.239.48/bdh/Manager/Login. aspx? ReturnUrl＝％2fbdh％2fManager％2fdefault. aspx 站点; 2. 单击"旅店信息维护"|"客房管理"菜单选项,进入旅馆房间信息列表页面; 3. 单击"新增房间信息"按钮,查看旅馆房间信息添加页面。 实际结果:缺少"房间编号"字段。 期望结果:添加"房间编号"字段,且给该字段设置为唯一标识,不可相同
普通	旅馆业主添加房间时,"房间价格"字段长度超长时系统提示有误	1. 使用旅馆业主账号:123,密码:123,登录 http://169.254.239.48/bdh/Manager/Login. aspx? ReturnUrl＝％2fbdh％2fManager％2fdefault. aspx 站点; 2. 单击"旅店信息维护"|"客房管理"菜单选项,进入旅馆房间信息列表页面; 3. 单击"新增房间信息"按钮,在打开的页面中的"房间价格"字段中填写"111111111111111111111111111111111111111111111111111111111111111111111111111111111111111111111111111111111111111111111"单击"确定"按钮。 实际结果:系统提示"ctl00＄PageBody＄RoomPrice_Input 字段值:1111111111111111111111111111111111111111111111111111111111111111111111111111111111111111111111111111111111 超过系统允许长度10!"。 期望结果:系统给出友好提示
普通	旅馆业主新增旅馆房间页面右上角显示"列表房间信息",修改为"返回房间信息列表"	1. 使用旅馆业主账号:123,密码:123,登录 http://169.254.239.48/bdh/Manager/Login. aspx? ReturnUrl＝％2fbdh％2fManager％2fdefault. aspx 站点; 2. 单击"旅馆信息维护"|"客房管理"菜单选项,进入旅馆信息列表; 3. 单击"新增房间信息"按钮,查看打开的新增房间信息页面。 实际结果:新增房间信息页面右上角显示"列表房间信息"。 期望结果:修改"列表房间信息"为"返回房间信息列表"
普通	旅馆业主新增房间页面上,设置"房间名称""房间类型""房间价格"为必填项并做校验	1. 使用旅馆业主账号:123,密码:123,登录 http://169.254.239.48/bdh/Manager/Login. aspx? ReturnUrl＝％2fbdh％2fManager％2fdefault. aspx 站点; 2. 单击"旅店信息维护"|"客房管理"菜单选项,进入旅馆房间信息列表页面; 3. 单击"新增房间信息"按钮,在打开的页面中不填写任何信息,单击"确定"按钮。 实际结果:可成功添加一个房间,该页面各字段均为非必填项。 期望结果:系统提示"房间名称""房间类型""房间价格"为必填项,不能为空

优先级	缺 陷 主 题	缺 陷 描 述
普通	旅馆业主成功添加添加房间后,系统提示信息中含有无效信息,如:ID:1	1. 使用旅馆业主账号:123,密码:123,登录 http://169.254.239.48/bdh/Manager/Login. aspx?ReturnUrl＝％2fbdh％2fManager％2fdefault. aspx 站点; 2. 单击"旅店信息维护"|"客房管理"菜单选项,进入旅馆房间信息列表页面; 3. 单击"新增房间信息"按钮,在打开的页面中填写如下信息后,单击"确定"按钮; 房间名称:101。 房间类型:单人间。 房间价格:100。 实际结果:系统提示"增加房间成功。ID:1"。 期望结果:系统提示"增加房间成功。"
普通	旅馆业主系统主页中,系统中的统一名称均为"旅馆""房间",与系统名称"旅馆住宿管理系统"保持一致	1. 使用旅馆业主账号:123,密码:123,登录 http://169.254.239.48/bdh/Manager/Login. aspx?ReturnUrl＝％2fbdh％2fManager％2fdefault. aspx 站点; 2. 查看系统主界面的菜单显示。 实际结果:显示旅馆为"旅店",房间为"客房"。 期望结果:系统中的统一名称均为"旅馆""房间",与系统名称"旅馆住宿管理系统"保持一致
普通	在旅馆信息列表中删除记录,删除成功时,系统只提示删除功能,不提示记录的编号(该编号和记录列表中的序号并不对应,容易造成误解)	1. 使用账号:wzr,密码:1,登录 http://169.254.239.48/bdh/Manager/Login. aspx?ReturnUrl＝％2fbdh％2fManager％2fdefault. aspx 站点; 2. 单击"旅馆管理"菜单选项; 3. 在打开的旅馆信息列表中,任意选择一条或多条记录; 4. 单击"删除"按钮。 实际结果:系统提示"……(13,15)删除成功"。 期望结果:删除成功时,系统只提示删除功能,不提示记录的编号(该编号和记录列表中的序号并不对应,容易造成误解)
普通	修改旅馆信息页面右上角显示的"删除旅馆信息"链接,请控制为不显示"删除旅馆信息"链接,删除操作均在旅馆信息列表中进行	1. 使用账号:wzr,密码:1,登录 http://169.254.239.48/bdh/Manager/Login. aspx?ReturnUrl＝％2fbdh％2fManager％2fdefault. aspx 站点; 2. 单击"旅馆管理"菜单选项,进入旅馆信息列表; 3. 在列表中任意选择一条记录,单击该记录的"序号"链接; 4. 在打开的查看旅馆信息页面中,单击右上角的"修改旅馆信息"超链接; 5. 进入修改旅馆信息页面。 实际结果:修改旅馆信息页面中右上角显示的"删除旅馆信息"超链接。 期望结果:修改信息页面中不显示"删除旅馆信息"链接,删除操作均在旅馆信息列表中进行

优先级	缺 陷 主 题	缺 陷 描 述
普通	新增旅馆页面中,无论输入怎样不符合实际情况的内容,均可成功添加旅馆。请控制字段输入规则	1. 使用账号:wzr,密码:1,登录 http://169.254.239.48/bdh/Manager/Login. aspx? ReturnUrl=％2fbdh％2fManager％2fdefault. aspx 站点; 2. 单击"旅馆管理"菜单选项,进入旅馆信息列表; 3. 单击"新增旅馆"按钮,打开的新增旅馆页面中; 4. 针对各字段分别在添加旅馆信息页面中输入"不符合格式规定"的旅馆信息; 5. 单击"确定"按钮。 实际结果:无论输入怎样不符合实际情况的内容,均可成功添加旅馆。 期望结果:系统提示"字段不符合规则……,请重新填写"
普通	在添加旅馆信息页面中输入一条已经添加过的旅馆信息,仍能添加成功,请控制	1. 使用账号:wzr,密码:1,登录 http://169.254.239.48/bdh/Manager/Login. aspx? ReturnUrl=％2fbdh％2fManager％2fdefault. aspx 站点; 2. 在添加旅馆信息页面中输入一条已经添加过的旅馆信息: 旅馆名称:幸福旅馆 经纪人名称:幸福 经纪人账号:xingfu 密码:123456 确认密码:123456 身份证号:130103198112121111 联系电话:13012345678 旅馆地址:石家庄市桥东区 113 号 旅馆简介: 旅馆所属村:北戴河村 3. 选择旅馆所属村; 4. 单击"确定"按钮。 实际结果:能够添加成功。 期望结果:系统提示"该'旅馆名称'和'经纪人账号'已经存在"
普通	新增旅馆页面中,当密码与确认密码输入不一致时,系统功能优化	1. 使用账号:wzr,密码:1,登录 http://169.254.239.48/bdh/Manager/Login. aspx? ReturnUrl=％2fbdh％2fManager％2fdefault. aspx 站点; 2. 单击"旅馆管理"菜单选项,进入旅馆信息列表; 3. 单击"新增旅馆",进入新增旅馆页面; 4. 输入如下内容,特别要求密码与确认密码输入不一致: 旅馆名称:1 经纪人名称:1 身份证号:1 登录名:1 密码:1 确认密码:2 5. 单击"确定"按钮。 实际结果:系统提示"密码与确认密码输入不一致",同时会返回旅馆列表页面。 期望结果:系统提示"密码与确认密码输入不一致",同时停留在新增旅馆页面

优先级	缺 陷 主 题	缺 陷 描 述
普通	新增旅馆页面右上角显示"列表旅馆",请修改为"返回旅馆列表"	1. 使用账号：wzr,密码：1,登录 http://169.254.239.48/bdh/Manager/Login.aspx? ReturnUrl=%2fbdh%2fManager%2fdefault.aspx 站点； 2. 单击"旅馆管理"菜单选项,进入旅馆信息列表； 3. 单击"新增旅馆"按钮,查看打开的新增旅馆页面。 实际结果：新增旅馆页面右上角显示"列表旅馆"。 期望结果：修改"列表旅馆"为"返回旅馆列表"
普通	成功添加旅馆后,系统提示信息中含有无效信息,如"ID:1"	1. 使用账号：wzr,密码：1,登录 http://169.254.239.48/bdh/Manager/Login.aspx? ReturnUrl=%2fbdh%2fManager%2fdefault.aspx 站点； 2. 单击"旅馆管理"菜单选项,进入旅馆信息列表页面； 3. 单击"新增旅馆"按钮,在打开的页面中填写如下信息后,单击"确定"按钮： 旅馆名称：幸福旅馆 经纪人名称：幸福 经纪人账号：xingfu 密码：123456 确认密码：123456 身份证号：130103198112121111 联系电话：13012345678 旅馆地址：石家庄市桥东区 113 号 旅馆简介： 旅馆所属村：北戴河村 实际结果：系统提示"增加旅馆成功。ID:1",添加其他旅馆时也显示"ID:1"。 期望结果：系统提示"增加旅馆成功。"
普通	旅馆信息列表中,选择一条记录,单击"删除"按钮,系统提示信息有误	1. 使用账号：wzr,密码：1,登录 http://169.254.239.48/bdh/Manager/Login.aspx? ReturnUrl=%2fbdh%2fManager%2fdefault.aspx 站点； 2. 单击"旅馆管理"菜单选项； 3. 在打开的旅馆信息列表中,任意选择一条记录； 4. 单击"删除"按钮。 实际结果：系统提示"……进行批量删除操作?",单击"确定"按钮,可成功删除,之后又提示"批量删除成功"。 期望结果：当不进行批量操作时,即仅进行一条记录的删除时,不提示"批量删除"
普通	旅馆信息列表中,单击各列名称进行排序时,列宽会发生变动	1. 单击"旅馆管理"菜单选项； 2. 在打开的旅馆信息列表中,单击各列名称进行排序。 实际结果：列宽会发生变动。 期望结果：列宽保持不变
低	给所有涉及金额的地方添加单位(元)	给所有涉及金额的地方添加单位(元)

优先级	缺 陷 主 题	缺 陷 描 述
低	办理结算页面中,当实收金额输入较长时,系统提示有误并出现嵌套页面	1. 使用旅馆业主账号：weinadi,密码：1,登录 http://localhost/bdh/Manager/default.aspx 站点； 2. 单击"经营信息管理"|"住宿管理"菜单选项,进入入住记录列表页面； 3. 任意选择一条记录,单击"结算"链接,打开办理结算页面； 4. "实收金额"字段的内容较长,如"1111111" 5. 单击"确定"按钮。 实际结果：系统提示"抱歉,处理您的请求时发生了错误。错误信息已被记录,我们将追踪解决。",单击"确定"按钮后,出现嵌套页面。 期望结果：系统提示"实收金额字段最多允许 6 位,请从新输入！"
低	新增房间信息页面中,当房间价格保持为 0 时,提示信息请优化	1. 使用旅馆业主账号：weinadi,密码：1,登录 http://localhost/bdh/Manager/default.aspx 站点； 2. 单击"旅馆信息维护"|"客房管理"菜单选项,进入房间信息列表页面； 3. 单击"新增房间信息"按钮,打开新增房间记录页面； 4. 填写房间名称为"201",房间类型为"单人间",房间价格保持为 0； 5. 单击"确定"按钮 实际结果："房间价格"字段后显示红色提示信息"房间价格超出了限制！"。 期望结果："房间价格"字段后显示红色提示信息"房间价格不能为 0！"
低	入住信息列表中,结算操作的链接横线过长,请优化	1. 使用旅馆业主账号：weinadi,密码：1,登录 http://localhost/bdh/Manager/default.aspx 站点； 2. 单击"经营信息管理"|"住宿管理"菜单选项,进入入住信息列表页面； 3. 查看入住记录列表中记录的操作列。 实际结果：结算操作的链接横线较长。 期望结果：请缩短结算操作的链接横线
低	入住信息列表中显示的"手机号"字段名修改为"联系方式",与住宿变更页面的字段保持一致	1. 使用旅馆业主账号：weinadi,密码：1,登录 http://localhost/bdh/Manager/default.aspx 站点； 2. 单击"经营信息管理"|"住宿管理"菜单选项,在进入的入住信息列表页面查看各字。 实际结果：列表中显示"手机号"字段。 期望结果：修改"手机号"字段名为"联系方式",与住宿变更页面的字段保持一致
低	在入住列表中,单击"结算"按钮进行结算办理时,系统提示信息冗余,请直接进入相应业务办理页面	1. 使用旅馆业主账号：weinadi,密码：1,登录 http://localhost/bdh/Manager/default.aspx 站点； 2. 单击"经营信息管理"|"住宿管理"菜单选项,进入入住信息列表页面； 3. 任意选择一条记录,单击"结算"链接。 实际结果：系统提示"是否办理结算？"。 期望结果：直接进入办理结算页面

优先级	缺 陷 主 题	缺 陷 描 述
低	在添加旅馆信息页面中,针对各字段输入超长信息,系统提示信息不友好	1. 使用账号:wzr,密码:1,登录 http://169.254.239.48/bdh/Manager/Login. aspx? ReturnUrl ＝％ 2fbdh％ 2fManager％ 2fdefault. aspx 站点; 2. 在添加旅馆信息页面中,针对各字段输入超长信息; 3. 单击"确定"按钮。 实际结果:系统提示信息不友好。 期望结果:系统提示"……字段最长字数为……,请重新填写"
低	新增旅馆页面中,"登录名"字段优化为"经纪人登录名"	旅馆住宿管理中心管理员在旅馆列表页面,单击"新增旅馆"按钮。 实际结果:打开的页面字段中显示"登录名"。 期望结果:显示"经纪人登录名"
低	"退出系统"操作菜单应放置于系统主界面的右上角	实际结果:"退出系统"操作菜单位于系统主界面右下角。 预期结果:将"退出系统"操作菜单放置于系统主界面的右上角,符合用户使用习惯

实训 V　旅馆住宿系统测试总结与分析

测试总结与分析阶段即整体测试工作流程的收尾阶段。此阶段中,测试人员工作的主要交付物为《测试报告》。在测试报告中,主要对测试过程中的测试实际执行情况进行分析、汇总,从而得出对被测产品质量情况的客观评价。基于测试报告文档的特殊性,测试人员在撰写时应注意客观、公正,才能真正起到保证软件质量的作用。

以下为旅馆住宿管理系统的测试报告,仅供参考。通过此测试报告文档样例,进一步介绍测试总结与分析阶段的工作。

值得说明的是,限于篇幅,此处省略了封面、文档属性及目录等内容,并且在测试报告实例中附有注释、说明等信息,以方便理解。

1. 引言
1) 编写目的

本部分列出本测试报告的具体编写目的,指出预期的范围。

该测试报告的编写目的是对旅馆住宿管理系统的测试过程和产品质量进行评估。该报告主要描述了测试计划的执行总结和整体测试效果的评估。其中,测试计划的执行总结包括执行进度、人资耗费和成果统计等;整体测试效果的评估包括需求的测试覆盖、测试用例的执行情况,以及软件质量的评价和实施建议等。

该测试报告将直接提交给程序管理人员、开发人员、测试人员、体验用户、产品管理人员及发布管理人员,作为项目结项和评价的重要依据,为项目的实施、上线提供支持。

2) 项目背景

本部分对项目目标进行简要说明,通常包括主要的功能和性能、测试对象的构架和项目的开发目标等内容。

项目名称:旅馆住宿管理系统。

任务提出者:旅馆住宿管理中心。

开发者:河北师范大学旅馆住宿项目组。

本项目以规范旅馆行业管理,建立一流的旅游管理产业为目的。希望为旅客提供快捷的预定系统,为旅馆提供操作简单、使用高效的住宿管理系统,为旅馆住宿管理中心提供便于实时监督、数据统计分析、规范化管理的系统,使旅馆住宿管理中心能够及时获取有效数据信息并进行通知的发布。

3) 相关定义

本部分列举出本测试报告将使用的相关名词和术语,以达到易于理解、应用统一的目的。

本项目中,该部分重点列举了缺陷级别(见表 Ⅰ.11)、缺陷状态(见表 Ⅰ.12)及缺陷解决方案(见表 Ⅰ.13)。

4) 参考资料

参考资料包括《项目章程》《项目规划》《风险登记册》《WBS》《旅馆住宿管理系统需求确

认书》《旅馆住宿管理系统测试计划》《旅馆住宿管理系统测试用例》《旅馆住宿管理系统缺陷报告》。

2．测试计划的执行

本部分主要对测试计划执行情况进行逐条分析，如有延误须进行说明。

1）执行进度

各项测试工作具体执行进度汇总，如表Ⅴ.1所示。

表Ⅴ.1　执行进度汇总

活动名称	计划完成时间	实际完成时间	实际工期	相关人员	原因说明
测试计划编写	×××—×××	×××—×××	1 天	测试 A	根据旅馆住宿管理系统项目需求规格说明书编写
测试用例设计	×××—×××	×××—×××	8 天	测试 A、B	如期完成功能点用例
部署测试环境	×××—×××	×××—×××	1 天	测试 A	依据开发代码完成进度
执行测试	×××—×××	×××—×××	30 天	测试 A、B	依据开发进度进行系统测试，项目组成员时间紧张
测试报告编写	×××—×××	×××—×××	1 天	测试 A	依据开发进度、测试进度、版本稳定情况编写

2）人资耗费

整体测试工作开展人资耗费统计，如表Ⅴ.2所示。

表Ⅴ.2　人资耗费汇总

测试人员	完成工作描述	耗费人天
测试 A、B	完成旅馆住宿系统测试并上线	＿×＿ 天/人
合　计	＿2＿人，＿×＿天/人	

3）成果统计

整体测试工作开展产生测试成果统计，如表Ⅴ.3所示。

表Ⅴ.3　测试成果汇总

成果名称	评审状态	完成人员	数量统计
《旅馆住宿管理系统测试计划》	通过	测试 A	1 个
《旅馆住宿管理系统测试用例》	通过	测试 A、B	578 条
《旅馆住宿管理系统缺陷报告》	通过	测试 A、B	596 个
《旅馆住宿管理系统测试报告》	通过	测试 A	1 个

3．测试效果的评估

本部分列出被测系统所有功能点并说明实际测试结果。

1）需求覆盖

参照测试计划中提取的测试点进行实际测试情况汇总，如表Ⅴ.4所示。

表Ⅴ.4 实际测试情况汇总

用户	类别	子模块	描 述	测试情况
游客	未注册用户	浏览旅馆信息	游客可在网站上浏览各家旅馆的信息	OK
		浏览房间信息	游客可在网站上浏览各家旅馆下的房间信息	OK
		注册	进行注册操作，注册后可登录	OK
	已注册用户	登录	游客可登录系统，进行预订、退订等操作	OK
		游客预订	游客查看房间信息后，可进行房间预订并生成预订订单	OK
		游客退订	游客进行房间预订后，可自主办理房间退订	OK
		我的预订	查看游客个人的房间预订记录和订单详情	OK
旅馆业主	有账号人员	管理房间	旅馆业主可进行房间的添加、修改、删除及查看操作	OK
		预订/退订管理	当游客进行预订操作后，旅馆业主可以对预订记录进行确认，以及办理游客退订	OK
		办理预订	为打电话的游客办理预订	OK
		办理入住	为来住宿的游客办理入住	OK
		办理续租	为已入住的游客办理续租	OK
		办理换房	为已入住的游客办理换房	OK
		办理结算	为已入住的游客办理结算	OK
		查看入住明细	查看已入住房间当前入住的详细信息	OK
		接收通知	可接收旅馆住宿管理中心发送的通知	NO
		修改密码	可修改个人密码	OK
旅馆住宿管理中心管理员	有账号人员	发布通知	给指定的旅馆或整体旅馆发布通知	NO
		统计旅馆信息	统计各家旅馆的房间价格走势、游客的来源分布、营业额（收入）等	OK
		维护旅馆账号	可添加、删除、修改、查看旅馆账号，并分配用户名与密码	OK

2）测试结果

在表Ⅴ.4中，OK为通过测试（基本使用正常），NO为测试组未进行测试的部分（开发尚未完成，将在项目第二阶段中进行）。

针对上述测试结果，需要说明如下3点。

（1）由于客户方需要，提前进行旅馆住宿系统项目产品部分功能的发布，因此，存在部分功能点未进行测试，将推迟至项目二期中完成。

（2）目前存在部分遗留缺陷未进行修复，但均不属于严重问题，不影响上述已实现模块的基本使用。

（3）可能还存在一些更隐性的问题未发现。

3）用例的执行

本次测试，在测试用例设计阶段共设计测试用例 578 个，由于需求的不断变更，测试用例的设计也经过了 V1.1、V1.2 两个版本。对于统计功能的验证、房间资源的验证等，测试用例和测试数据在多个模块重复使用，在此仅统计了一次测试的情况。

4. 系统 Bug 分析

本部分主要对系统缺陷情况进行统计分析，尽量以图表或报表的形式进行说明，以方便理解。

1）缺陷统计信息

整体测试过程中，所产生缺陷的统计信息如表 V.5 所示。

表 V.5　Bug 统计信息

缺 陷 类 型	数量
系统总缺陷数	596 个
已解决的缺陷数	592 个
延期解决的缺陷数	4 个

2）缺陷状态分布

依据表 V.5，可以得出缺陷的状态分布如图 V.1 所示。

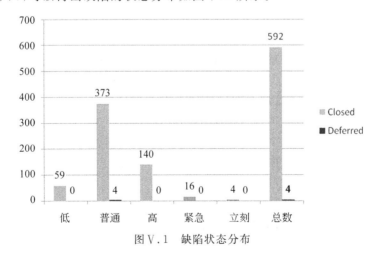

图 V.1　缺陷状态分布

由图 V.1 可知，已经解决并关闭的缺陷是 592 个，占 99.3%；延期解决的缺陷是 4 个，占 0.7%，且这 4 个缺陷均不属于高级别以上的缺陷。图 V.1 所示数据表明此系统的质量相对可靠，且缺陷解决率也很高。

3）缺陷级别分布

依据表 V.5，可以得出各级别缺陷的级别分布情况，如图 V.2 所示。

由图 V.2 可知，系统中出现最多的是普通级别和高级别的缺陷。

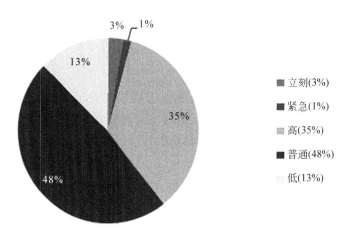

图 V.2　缺陷的级别分布情况

（1）立刻级别和紧急级别：缺陷级别高，该类缺陷易造成系统崩溃，此类缺陷发现的越多，就越能够保证系统的稳定性。

（2）高级别：缺陷级别较高，该类缺陷常影响其他操作，因而修改的优先级较高。

（3）普通级别：缺陷为常规性缺陷，该类缺陷发现的越多，就越能够保证系统的完善性。

（4）低级别：缺陷级别较低，该类缺陷发现的越少，说明对于系统还有越多的细节部分的缺陷没有发现。

根据上面的分析，在测试工作中，应该严格控制重大系统问题，保证系统不出现重大错误，在确保系统稳定性的基础上，完善系统功能，并注意到系统的每一个细节。

5. 软件质量的评价

本部分主要结合测试开展的实际情况，对被测软件质量进行客观的评价及建议。

1）目前能力

（1）经过测试，旅馆住宿管理系统已达到需求及设计要求，并且已经能够进行实际应用，实际测试情况参见表 V.4。

（2）本系统能够 IE6.0、IE7.0、IE8.0、Google、Firefox 等浏览器下正常运行。

（3）本系统能够支持数据库的每个表在 1 500 000 条以上记录的情况下，稳定且快速运行。

2）项目风险

（1）测试中，客户端均使用个人机器，无法结合广大旅馆业主的不同机型进行检测，软硬件兼容性存在一定风险。

（2）测试中，浏览器仅针对较常用的类型进行了部分功能的测试，对于其他广大浏览器类型未进行测试，浏览器兼容性存在一定风险。

（3）性能测试部分仅针对数据库中存在大量数据时进行了操作速度的检测，未针对大量客户端同时访问的情况进行检测，但考虑到各大旅馆的真实业务情况，该风险较低。

3）实施建议

以下是在测试的过程中发现的一些需要特别注意的地方，可供实施部门参考。

（1）旅馆住宿管理系统部署完毕后，登录系统给用户演示，进行表单输入及其他操作时，请使用正常的真实数据进行演示，对于超长数据及特殊类型数据请勿使用。

（2）请不要在一台机器上同时开启两个相同的客户端账号，防止数据发生干扰。

（3）在同一个客户端上的操作时间不宜过长。

4）遗留问题

至测试工作结束，本系统遗留 4 个缺陷未解决，具体原因如下。

（1）旅馆客户端的旅馆管理模块中建议增加"旅馆类型"字段。

原因：建议级别缺陷，不影响系统功能使用。

（2）IE8 浏览器下，Web 端"订单管理"模块中退订某一订单，提示"退订成功"时，页面显示的预订信息有误，当单击"确定"按钮后，页面显示信息又恢复正常。

原因：系统框架所致，不影响功能使用，且仅在 IE8 浏览器下才出现。

（3）在 Web 端预订房间后生成的订单页面，当备注信息填写较多时，订单列表显示会有美观性问题。

原因：该问题属于页面美观性问题，不影响功能使用，且目前仅在 IE6 和 360 浏览器下当备注填写较多时才发生。

（4）登录时，用户名、密码、验证码输入错误，没有任何提示仅重新刷新页面。

原因：该问题属于易用性问题，不影响功能使用，且该问题在历史系统版本中就一直存在，属于上一期的遗留问题。

此外，系统中还可能存在一些不易发现的错误存在。

6. 结论

经测试，旅馆住宿管理系统可以满足用户的需求，且符合设计的要求，达到测试通过标准，可以上线试运行。

至此，通过本篇的介绍，读者应了解了实际测试工作中测试人员在各阶段所进行的工作内容及交付物。值得注意的是，本书中所介绍的软件测试流程及各类文档结构并非唯一标准，在实际工作中要根据企业及项目的实际情况灵活应用，切忌生搬硬套。

参 考 文 献

[1]　魏娜娣,李文斌,裴军霞. 软件性能测试——基于 LoadRunner[M]. 北京：清华大学出版社,2012.

[2]　李晓鹏,赵书良,魏娜娣. 软件功能测试——基于 QuickTest Professional[M]. 北京：清华大学出版社,2012.

[3]　柳纯录,黄子河,陈渌萍. 软件评测师教程[M]. 北京：清华大学出版社,2005.

[4]　李龙,李向函,冯海宁,等. 软件测试实用技术与常用模板[M]. 北京：机械工业出版社,2011.

图书资源支持

感谢您一直以来对清华版图书的支持和爱护。为了配合本书的使用，本书提供配套的资源，有需求的读者请扫描下方的"书圈"微信公众号二维码，在图书专区下载，也可以拨打电话或发送电子邮件咨询。

如果您在使用本书的过程中遇到了什么问题，或者有相关图书出版计划，也请您发邮件告诉我们，以便我们更好地为您服务。

我们的联系方式：

清华大学出版社计算机与信息分社网站：https://www.shuimushuhui.com/

地　　址：北京市海淀区双清路学研大厦 A 座 714

邮　　编：100084

电　　话：010-83470236　010-83470237

客服邮箱：2301891038@qq.com

QQ：2301891038（请写明您的单位和姓名）

资源下载：关注公众号"书圈"下载配套资源。

资源下载、样书申请

书圈

图书案例

清华计算机学堂

观看课程直播